Ursula Glauser

Kaninchen-Apotheke

Ursula Glauser

Kaninchen-Apotheke

Gesunde Kaninchen dank Heilpflanzen

3. Auflage

Oertel+Spörer

Bildnachweis
Titelbild: Ursula Glauser
Innenteilbilder:
Ruedi Dietiker S. 10
Anja Graf-Thür S. 151 li.
Hilde Jung S. 14
Dr. Gabriele Lehari S. 23, 65, 93, 114, 116, 123
Alle anderen Bilder von der Autorin.

Bibliografische Information der Deutschen Nationalbibliothek
Die Deutsche Nationalbibliothek verzeichnet diese Publikation in der Deutschen Nationalbibliografie; detaillierte bibliografische Daten sind
im Internet über http://dnb.d-nb.de abrufbar.

3. Auflage 2024
Postfach 16 42 · 72706 Reutlingen

Lektorat: Dr. Gabriele Lehari
DTP und Repro: raff digital gmbh, Riederich
Druck und Einband: FINIDR, s.r.o., Tschechische Republik
ISBN 978-3-88627-883-1

Inhalt

Alle Wiesen und Matten,
alle Berge und Hügel
sind Apotheken.

(Paracelsus, 1493-1541)

Wie die Kaninchen-Apotheke entstand

Heilpflanzen, Tiere und die Natur allgemein interessierten mich schon als Kind. Nach dem Biologiestudium fand ich meine Traumstelle in einem Herstellungsbetrieb für Alternativmedizin und konnte dort mein Wissen um Heilpflanzen erweitern und vertiefen. Gleichzeitig stieg ich in die hobbymäßige Haltung und Zucht von Angorakaninchen ein und begann schon bald, Unpässlichkeiten mit Kräutern und homöopathischen Mitteln zu behandeln. Die ersten Erfolge und die Begeisterung, mit der die Kaninchen die angebotenen Kräuter fraßen, bestärkten mich auf diesem Weg und mündeten nach jahrelanger Erfahrung in einen eigentlichen Heilkräuterschatz für Kaninchen.

Die Autorin mit einem ihrer Schützlinge

Kaninchen sind ausgesprochene Feinschmecker, die ein abwechslungsreiches Futterangebot schätzen. Jede Pflanze trägt wertvolle Eigenschaften in sich und kann als Heilnahrung oder Heilpflanze genutzt werden. Das macht es sehr einfach, Langohrs Gesundheit durch gezieltes Füttern von Kräutern und anderen Pflanzen zu stärken oder bei kleinen und größeren Unpässlichkeiten korrigierend einzuwirken.

Wichtig: Pflanzen ersetzen nicht den Tierarzt! Bei unklaren Symptomen oder Verschlechterung des Allgemeinzustandes sollte selbstverständlich der Tierarzt beigezogen werden.

Viel Freude beim Lesen und Ausprobieren!

VORSICHT!

Pflanzen mit diesem Signet weisen Einschränkungen in ihrer Anwendung auf, sei es, weil größere Mengen davon zu unerwünschten Nebenwirkungen führen könnten oder weil die Pflanze nicht während der Trächtigkeit gegeben werden darf.

Die Kräuteranwendungen in diesem Buch sind in der Praxis erprobt und bewährt, eine Erfolgsgarantie kann aber nicht gegeben werden. Autorin und Verlag lehnen jegliche Haftung für allfällige Schäden ab.

Heilpflanzen – ihre Wirkung und Anwendung für Kaninchen

Ahorn verhilft zum Idealgewicht

Acer platanoides **(Spitzahorn)**
Acer pseudoplatanus **(Bergahorn)**
Acer campestre **(Feldahorn)**

Der Ahorn gehört nicht zu den symbolträchtigen Bäumen wie Eiche, Linde oder Esche, über die es zahlreiche Sagen und Mythen gibt. Mit seinen hellgrünen Blüten, den handförmigen Blättern und den zum Spiel einladenden Flügelsamen bringt er jedoch eine fröhliche Note in unsere Wälder.

In Notzeiten griffen die Menschen auf ihn zurück und streckten mit der getrockneten und gemahlenen Rinde das Mehl oder bereiteten aus den Blättern eine Art Sauerkraut zu. In unseren Breiten gibt es drei einheimische Ahornarten: Spitzahorn, Bergahorn und Feldahorn. Sie lassen sich an ihren Blättern und Früchten gut voneinander unterscheiden. Daneben gibt es zahlreiche Gartenformen, über deren Nutzen und Inhaltsstoffe aber kaum etwas bekannt ist.

Alle drei Wildahornarten sind als Beifutter für unsere Kaninchen gut geeignet. Der Feldahorn, der früher zu den traditionellen Laubfutterbäumen gehörte und sehr schnittverträglich ist, führt die Beliebtheitsskala bei den Langohren an.

Seine Heilwirkungen sind weitgehend in Vergessenheit geraten. Dies ist umso erstaunlicher, da er in einer der ältesten medizinischen Schriften, im ägyptischen Papyrus Ebers, als einziger Baum mit Heilwirkung (abgesehen vom Wacholder) aufgeführt ist.

Feldahorn enthält nebst Gerbstoffen, Saponinen und Flavonoiden auch namhafte Mengen an Vitaminen und Spurenelementen wie Kupfer, Mangan und Zink. Diese sind unerlässlich für eine Vielzahl von Körperfunktionen. Zink beispielsweise ist Bestandteil etlicher Enzyme (Eiweißverbindungen, die wichtige Stoffwechselreaktionen im Körper katalysieren). Ein Mangel an Zink schwächt die Immunabwehr und beeinträchtigt darüber hinaus Verdauung und Futterverwertung.

Ahorn ist Balsam für die Leber, gibt Appetit und verbessert die Futterverwertung. Rückt eine geplante Ausstellung näher und das angestrebte Idealgewicht scheint unerreichbar, können Ahornblätter – über mehrere Tage als zusätzliches Futter verabreicht – im wahrsten Sinne des Wortes das Zünglein an der Waage spielen.
Ahorn hilft darüber hinaus überall, wo zu viel Hitze besteht: Entzündungen, Fieber, schmerzhafte Gelenke und Geschwüre. Interessant ist die Beobachtung, dass Feldahornknospen Spätschäden nach Infektionen, wie Schwäche oder Lähmungszustände, lindern können. Aus diesem Grund ist es nie falsch, einem kranken Kaninchen ein paar Tage lang knospenreiche Ahornzweige zu reichen.
Auch für gesunde Kaninchen bildet Ahorn ein gutes Zusatzfutter. Mit seinem Reichtum an Vitaminen und Mineralien eignet er sich bestens als Winterfutter. Dazu werden grüne Blätter gesammelt und getrocknet.

Die drei bei uns vorkommenden Ahornarten lassen sich anhand der Blätter unterscheiden: links Bergahorn, rechts oben Spitzahorn, unten Feldahorn.

Apfel hilft in vielen Fällen

Malus domestica (Kulturapfel)
Malus sylvestris (Holzapfel)

Äpfel sind im Herbst und Winter ein beliebtes Futter für unsere Kaninchen und darüber hinaus äußerst gesund. Das englische Sprichwort „Ein Apfel pro Tag hält den Doktor fern" bringt es auf den Punkt, der ironische Nachtrag „aber nur, wenn du ihn sehr fest und genau wirfst" ist typisch englischer Humor, ändert jedoch nichts an der Tatsache, dass Äpfel ein breites gesundheitsförderndes Spektrum aufweisen.
Am bekanntesten ist die ausgleichende Wirkung auf die Verdauung: Ein Apfel im Ganzen gereicht hilft gegen Verstopfung, fein gerieben wirkt er gegen Durchfall.
Äpfel sind nervenstärkend und durch den hohen Eisengehalt blutbildend. Außerdem regen sie die Tätigkeit von Nieren und Blase an. Nachgewiesen ist auch eine kräftigende Wirkung auf Lunge und Bronchien.
Die Inhaltsstoffe sind beeindruckend: Zucker, Eisen, Vitamin A, B und C, Fruchtsäuren, ätherische Öle, Gerbstoffe, Mineralstoffe, Quercetin, Catechine. Im Kerngehäuse und in der Schale ist Schwermetall entgiftendes Pektin zu finden. Quercetin wird eine krebsvorbeugende und herzstärkende Wirkung nachgesagt.
Wer selbst Äpfel erntet, aber keine gute Lagermöglichkeit hat, kann mit getrockneten Apfelringen einen Vorrat anlegen und diese seinen Kaninchen im Winter als Leckerbissen reichen.

Besonders in den Wintermonaten sind Äpfel bei Kaninchen sehr beliebt.

Die Apfelschalen von unbehandelten Äpfeln können verfüttert oder getrocknet als Tee verwendet werden: 2 Teelöffel mit 2 dl heißem Wasser überbrüht geben einen beruhigenden und harntreibenden Tee, der sich auch gut für Tiere mit Fieber eignet.

Eine weitere Möglichkeit, auf die gesunden Wirkstoffe der Äpfel außerhalb der Saison zurückgreifen zu können, ist die Herstellung von Apfelessig. Dieser gehört zu den alten Volksheilmitteln und lässt sich bei Kaninchen ebenfalls sehr gut einsetzen. Dem Trinkwasser zugefügt verhilft er dem Tier in erstaunlich kurzer Zeit zu einem spürbar dichteren und auffallend glänzenden Fell – eine große Hilfe auch während der Haarung. Hierfür gibt man 1 Esslöffel Apfelessig auf 2 l Wasser.
Gleichzeitig werden dadurch die Harnwege von Grieß und Steinchen gesäubert. Er hilft bei Verdauungsproblemen von Jungtieren und schleimigem Durchfall älterer Tiere, indem er die Darmflora reguliert und die Bildung von Verdauungsenzymen anregt. Etwas stärker dosiert (1 dl Apfelessig auf 2 l Wasser) ist er ein mildes Wurmmittel. Wichtig ist, nicht pasteurisierten Apfelessig zu verwenden, den man zum Beispiel im Reformhaus erhält.

Apfelessig kann auf einfache Weise aus vergorenem Apfelsaft hergestellt werden, indem man ihn mit einer Essigmutter beimpft. Das Glas dann mit einem Tuch verschließen, denn die Essigmutter benötigt Sauerstoff, und bei Zimmertemperatur stehen lassen. Nach etwa zwei Monaten filtrieren und den Rohessig noch zwei bis drei Monate kühl und dunkel lagern bis zur Verwendung.

Die Blüte des Holzapfels, also der Wildform unserer Apfelsorten, ist Bestandteil der Blütentherapie nach Dr. Bach: Blütenessenz Nr. 10 (Crab Apple) ist die Reinigungsessenz. Sie unterstützt den Körper beim Ausscheiden von Giftstoffen, stärkt die Widerstandskraft bei ansteckenden Krankheiten und kann unterstützend bei Befall mit Flöhen, Milben und Würmern gegeben werden ebenso wie bei Abszessen, Allergien und Ekzemen.

TIPP FÜR ZWEIBEINER

Winterliche Bratäpfel sind köstlich und helfen dem Kaninchenzüchter bei Heiserkeit, Husten und Katarrh. Ein Apfelschalen-Tee am Abend fördert den Schlaf auch bei gestressten Ausstellungsleitern kurz vor Ausstellungseröffnung und soll sogar schlankheitsfördernd sein.

Bambus bringt das Fell zum Glänzen

VORSICHT!

Phyllostachys spec.
Bambusa spec.
Fargesia spec.

Vor Urzeiten wuchsen die Riesen aus der Familie der Gräser auch bei uns, sind jedoch im Tertiär in unseren Breiten ausgestorben. Als Gartenpflanzen sind uns die eleganten Pflanzen aber erhalten geblieben. Sie sind immergrün und verschaffen dadurch unseren Kaninchen etwas Abwechslung im winterlichen Frischfutterangebot.

Im Winter fressen die Kaninchen das exotische Gras gern, während sie es im Sommer oft nur zu Kleinholz verarbeiten und dann liegen lassen. Die dünnen, fast trockenen Blätter verursachen auch bei Minusgraden keine Verdauungsbeschwerden; trotzdem sollte man sie den Tieren nicht gerade mit Raureif bedeckt reichen.

Bambus ist in mehreren Hinsichten eine außergewöhnliche Pflanze: Sie wächst in atemberaubendem Tempo, das bedeutet, in ihrer Heimat teilweise mehr als einen Meter pro Tag, bei uns an warmen Tagen immerhin noch etwa 30 cm! Als Baumaterial weist Bambus eine einzigartige Biegsamkeit auf bei einer Druckfestigkeit, die Stahl ebenbürtig ist – und das alles bei sehr geringem Gewicht. Bambusbauten gelten deshalb als weitgehend erdbebensicher.

Geheimnisvoll ist der Blühzyklus: Es können Jahrzehnte vergehen (manchmal sogar über 100 Jahre!), bis sich eine Bambusart zur Blüte entschließt. Dann aber blühen rund um den Globus Vertreter dieser Art gleichzeitig.

In seiner asiatischen Heimat wird Bambus nicht nur gegessen (Bambussprossen), sondern auch als Arznei eingesetzt. Bambus ist berühmt für seinen hohen Kieselsäuregehalt. Man kann in den Hohlräumen der Halme mit etwas Glück sogar Knöllchen aus reiner Kieselsäure finden, der sogenannte Bambuszucker oder Tabaschir. Kieselsäure ist unentbehrlich für gesunde Haut, schönes Fell und starke Krallen. Sie regt das Immunsystem an und lässt Entzündungen abklingen. Aus diesem Grund ist es hilfreich, bei Abszessen und wunden Läufen zusätzlich zur lokalen Behandlung Bambus in den Speiseplan des Patienten einzubauen. Ebenso können empfindliche Tiere, die zu Augenentzündungen mit wässrigem Ausfluss neigen, durch regelmäßige Bambusgaben stabilisiert werden. Bambus enthält neben Kieselsäure Gerbstoff, Kalzium, Phosphor, Eisen, Vitamine der B-Gruppe und Vitamin C.

Vor allem im Winter wird der Bambus von Kaninchen gern angenommen.

Die Blätter gelten als Stärkungsmittel, regen die Verdauung an, helfen gegen Krämpfe der Verdauungsorgane, vertreiben Fadenwürmer und stoppen Durchfall. Bambus stärkt den Knochenaufbau, was für Kaninchen, die im Vergleich zu anderen Tieren zartknochig gebaut sind, nur von Vorteil sein kann.

Während der Trächtigkeit sollte auf Bambusblätter verzichtet werden, denn sie regen die Gebärmutter an. Um den Geburtstermin herum gereicht, erleichtert Bambus jedoch die Geburtsarbeit. Heranwachsenden Jungtieren bietet er Beschäftigung, ohne Verdauungsprobleme zu verursachen.

VORSICHT!

Junge Sprossen sind roh giftig, denn einige Bambusarten enthalten erhebliche Mengen Blausäure! Ausgewachsene Stängel und Blätter sind hingegen stets ungiftig!

Beifuß wärmt den Bauch

Artemisia vulgaris (Gewöhnlicher Beifuß)

VORSICHT!

Die unauffällige Pflanze, die auf Ödland, an Wegen und Bahndämmen wächst, wurde in früheren Zeiten als kraftvolle Heilpflanze verehrt und als „Mutter aller Pflanzen“ bezeichnet. Sie war den Menschen so wichtig, dass sie die Pflanze bei Ortsveränderungen stets mitnahmen, sodass man Beifuß heute in ganz Europa, Asien und Nordamerika findet. Die Vielzahl überlieferter Namen weisen auf die hilfreichen Eigenschaften von Beifuß hin: Gänsekraut, Mugwurz (mug = wärmen, kräftigen), Weiberkraut, Fliegenkraut.

Die aromatische Bitterpflanze wärmt und fördert die Durchblutung im Bauchbereich, stärkt die Leber und regt die Galle an. Früher war sie ein unverzichtbares Gewürz für schwerverdauliche, fette Speisen („Gänsekraut“ als Verdauungshilfe zum Würzen des Gänsebratens). Ihre heilsame und stärkende Wirkung auf die Verdauungsorgane kommt auch unseren Kaninchen zugute, ja sie ist eine der wichtigsten Heilpflanzen für Kaninchen überhaupt!

Beifuß wurde früher nicht nur als Heilpflanze, sondern auch als Gewürz sehr geschätzt.

Es lohnt sich, Beifuß im Garten anzusiedeln, damit man ihn immer zur Hand hat, wenn ein Kaninchen Anzeichen von Unwohlsein zeigt: Stürzt es sich nicht wie gewohnt aufs Futter, hat vielleicht einen etwas gespannten Bauch oder leidet unter Magenüberladung, bietet der aufmerksame Kaninchenhalter sogleich Beifußblätter an, die meist dankbar angenommen werden, oder er verabreicht einen Tee, falls das Tier nicht fressen will: Hierfür 2 bis 3 Blätter mit 1 dl kochendem Wasser übergießen, 5 Minuten ziehen lassen und lauwarm (!) dem Tier 5 bis 10 ml eingeben. Beifuß bringt die Verdauung schnell wieder in Schwung, entkrampft und stillt Schmerzen, baut Blähungen ab.

Er wirkt aber nicht nur auf die Verdauung, sondern auf den gesamten Bauchbereich, so auch auf die Fortpflanzungsorgane: Falls es mit dem Trächtigwerden nicht so recht klappen will, kann Beifuß als fruchtbarkeitsförderndes und aphrodisierendes Mittel bei Rammlern und Häsinnen eingesetzt werden.

Das „Weiberkraut" erwärmt und entkrampft die Gebärmutter bei der Geburt und kann unterstützend zur tierärztlichen (!) Behandlung sogar bei Gebärmutterentzündungen hilfreich sein. Hat eine Häsin den Geburtstermin überschritten, ist es angebracht, einige Blätter Beifuß zu reichen, um eine baldige Geburt zu fördern. Mit dieser Indikation wird klar, dass man während der Trächtigkeit keinen Beifuß verfüttern sollte, ebenso wenig die nahe verwandten Arten Wermut und Eberraute!

Als Räuchermittel wurde getrockneter Beifuß verwendet, um Haus und Hof zu reinigen und zu desinfizieren. An Stalltüren und Stallfenstern aufgehängte Beifußzweige vertreiben Insekten. Beifuß muss stark aromatisch riechen. Es gibt zwar auch fast geruchslose Varianten, sie sind aber in ihrer Wirkung viel schwächer, da die wichtigen ätherischen Öle fehlen.

TIPP FÜR ZWEIBEINER

Zuletzt noch eine Anwendung für den Kaninchenbauern: Einreibungen mit Beifußöl helfen bei müden Füßen, Gliederschmerzen und Muskelkater nach dem Heuen oder Misten. Dazu wird das ganze trockene Kraut mit Wurzeln in ein verschließbares Glas gegeben, mit Olivenöl übergossen und drei Wochen an einen sonnigen Ort gestellt. Danach abseihen und die wohltuende Wirkung genießen!

Beinwell macht dem Darm Beine

***Symphytum officinale* (Gewöhnlicher Beinwell)**

VORSICHT!

Beinwell liebt feuchte Stellen an Bachufern und in Gräben, kann aber auch problemlos im Garten angepflanzt werden. Ein Wurzelstück in die Erde gebracht, entwickelt es sich in kurzer Zeit zu einer üppigen Pflanze. Seine lange Blütezeit und sein Honigreichtum machen ihn zu einem Anziehungspunkt für Hummeln und Bienen.

Beinwell (auch Wallwurz genannt) ist eine seit Tausenden von Jahren erprobte und bewährte Heilpflanze, die vor allem bei Verletzungen wie Quetschungen, Prellungen, Verstauchungen, Knochenbrüchen und Entzündungen zum Einsatz kommt. Als Hauptwirkstoff findet man Allantoin, daneben auch Schleimstoffe, Gerbstoffe, Alkaloide, Vitamine der B-Gruppe und Kieselsäure.

Allantoin ist ein wunderbarer Heilstoff: Er wirkt abschwellend und schmerzlindernd, stimuliert die Zellteilung, beschleunigt die Geweberegeneration und wirkt entzündungshemmend. Allantoin regt darüber hinaus den Stoffwechsel im Darmgewebe an und entfernt abgestorbenes Gewebe. Die Schleimstoffe besänftigen die gereizten und entzündeten Darmabschnitte und die Gerbstoffe stärken die Darmschleimhaut.

TIPP FÜR ZWEIBEINER

Zur äußerlichen Wundbehandlung und zur Linderung von Arthrose beim Kaninchenhalter verwendet man eine Abkochung der Wurzel: 1 Esslöffel frische oder getrocknete Wurzelstücke in 2 bis 3 dl Wasser aufkochen, zwanzig Minuten bei kleiner Temperatur köcheln, die gelartige Flüssigkeit abseihen und als Umschlag anwenden. Abkochungen oder eine Tinktur von frischen Blättern ergeben eine zahnfleischstärkende Mundspülung für Zweibeiner.

Beinwell liebt feuchte Standorte und kann auch gut im Garten angepflanzt werden.

So kann Beinwell bei allen Verdauungsproblemen eingesetzt werden, auch bei Verstopfung. Letztere kündet sich durch immer kleiner werdende Kotballen an. Da ist eine Kur angebracht, während der man dem langohrigen Patienten zuerst täglich, nach einer Woche alle zwei Tage ein Beinwellblatt reicht. Während dieser Darmkur sollte das Kraftfutter etwas reduziert werden, damit das Tier mehr Heu frisst. Das verbessert die Verdauungstätigkeit. Weitere unterstützende Maßnahmen sind mehr Bewegung und sanfte Bauchmassagen. Während der Trächtigkeit sollte aufgrund des Alkaloidgehaltes auf die innerliche Verabreichung verzichtet werden.

Bei tiefen Wunden oder alten Geschwüren leistet Beinwell ebenfalls heilsame Dienste. Während der Vegetationszeit verfüttert man ganz einfach frische Blätter, die trotz ihrer rauen Behaarung von den Langohren meist mit Begeisterung verzehrt werden. Bei Knochenbrüchen gibt man – nach der Bruchversorgung durch den Tierarzt – dem Kaninchen täglich ein Beinwellblatt zum Fressen: Das Kalluswachstum der Bruchstelle wird angeregt und der Knochen wächst schneller zusammen.

Beinwellwurzeln haben ihren größten Wirkstoffgehalt während der Vegetationsruhe. Für den Vorrat erntet man sie deshalb im Herbst oder im Frühling vor dem Austrieb. Sie werden gewaschen, klein geschnitten und sorgfältig bei etwa 45 °C getrocknet.

Birkenpower für die Ausstellungssaison

Betula pendula (Hängebirke)
Betula pubescens (Moorbirke)

Die Birke gehört zu unseren schönsten Bäumen. Der hellgrüne Austrieb im Frühling, aber auch das goldene Laub im Herbst bringen zusammen mit dem weißen Stamm lichte Farbtupfer in unsere Wälder. Hängebirke und Moorbirke sind beide heilkräftig. In den Blättern finden sich Gerbstoffe, Saponin, Bitterstoffe, Vitamin C und Flavonoide, in der Rinde zusätzlich Harz, Phenole und Betulin.

Blätter und Rinde sind Balsam für den Stoffwechsel, sie fördern die Zellerneuerung und beleben den ganzen Organismus. Das wichtige Entgiftungssystem der Lymphe wird angeregt und die Harnmenge stark erhöht – Birke wirkt als eigentliche Reinigungskur für den ganzen Körper. Dank der milden Wirkung sind Birkenzweige gut verträglich, auch für trächtige Häsinnen, Jungtiere und kranke Tiere.
Zur Vorbereitung auf die kalte Jahreszeit können sie regelmäßig als Knabberfutter gereicht werden. Sie verhelfen den Ausstellungstieren zu einer guten Kondition, gesunder Haut und kräftigem Fell.
Die Rinde und Knospen stimulieren die Bildung weißer Blutkörperchen und regen so das Immunsystem an, eine wichtige Vorbeugung gegen Verdauungsstörungen, die als ungeliebte „Ausstellungssouvenirs" von den Tieren mit nach Hause gebracht werden.
Bei bereits vorhandenen Verdauungsproblemen lindern Birkenzweige die Entzündung der Darmschleimhaut, normalisieren die Verdauung und wirken sowohl gegen Durchfall als auch gegen Verstopfung. Man sagt der Birke eine wurmhemmende Wirkung nach und sie hilft auch bei säuerlich riechendem Kot.

Mit dem Wirkspektrum und der bereits erwähnten Stimulierung des Immunsystems eignet sich Birke auch für Problembestände, die mit immer wiederkehrenden Verdauungsstörungen zu kämpfen haben. Zur Anregung des Immunsystems wirkt die Moorbirke etwas stärker als die Hängebirke. Beide Birkenarten schwemmen Harngrieß aus, unterstützen die Niere und können auch bei chronischen Nierenerkrankungen als Langzeittherapie eingesetzt werden. Dafür verwendet man eine Tinktur aus Birkenblättern (Zubereitung einer Tinktur siehe Seite 154), von der man dem Tier täglich 2 bis 4 Tropfen ins Trinkwasser gibt.

Gerötete und tränende Augen wäscht man mit frisch bereitetem Birkenabsud. Dazu nimmt man 1 Teelöffel voll abgeschabter Rinde, kocht sie in 1 dl Wasser auf und

Die Birke mit ihrer weißen Rinde ist unverwechselbar.

lässt das Ganze erkalten, anschließend sorgfältig filtrieren und ein sauberes Taschentuch damit benetzen. Dies legt man als Kompresse auf die Augen und belässt es dort so lange, wie dies das Kaninchen zulässt. Zusätzlich reicht man dem Tier über längere Zeit kleine Birkenzweiglein zum Knabbern. Mit dieser Behandlung kann so mancher chronische Tränenfluss gestoppt werden!

Das in der Rinde enthaltene Betulin bekämpft nicht nur Viren und Bakterien, sondern hat auch eine Hemmwirkung auf Tumoren. Ältere Zibben weisen manchmal Tumore an den Zitzen auf. In diesem Fall kann eine Tinktur aus Birkenrinde das Wachstum des Tumors verlangsamen und dem geliebten Langohr noch einen beschwerdefreien Lebensabend ermöglichen.

Blutweiderich stoppt Durchfall und hemmt Bakterien

Lythrum salicaria (Blutweiderich)

Durchfall oder ungeformter Kot tritt bei Kaninchen immer wieder mal auf. Als gut verträgliche, gern gefressene und stark wirkende Heilpflanze bietet sich Blutweiderich an. Seine purpurfarbigen Blütenstände leuchten vom Juli bis September aus feuchten Wiesen und Wäldern, aus Mooren und Uferpartien. Mit einer Höhe von 0,5 bis 2 m ist der Blutweiderich eine attraktive Erscheinung.
Es lohnt sich, ihn im Garten anzusiedeln, bringt er doch vielseitigen Nutzen: Seine filigranen Blüten sind besonders dekorativ, Bienen, Schmetterlinge und Schwebfliegen lieben ihn als Futterpflanze und für Mensch und Haustier ist er eine wertvolle Heilpflanze.

Auf seine Hilfe verlassen sich die Menschen seit Tausenden von Jahren und es erstaunt nicht, dass sich allerlei Sagen um ihn ranken. So glaubte man, dass sich Kobolde in ihm versteckten und Streit ausbrechen ließen, brachte man die Pflanze ins Haus. Positiv wirkt Blutweiderich hingegen auf Ochsen: Sie sollten brav und willig arbeiten, wenn man ihnen einen Kranz aus Blutweiderich umhing.
Im Mittelalter wurde Blutweiderich zum Gerben von Leder und zum Haltbarmachen von Seilen verwendet.
Der Name kommt nicht von ungefähr: Blutweiderich ist ein wichtiges Blutstillungsmittel. Bei Verletzungen aller Art stoppt er zuverlässig die Blutung und regt die Wundheilung an. Er dient sogar als Erste Hilfe bei inneren Blutungen, sei es nach einer schweren Geburt oder nach einem Unfall. Natürlich ersetzt er dabei den Tierarzt nicht.

Blutweiderich ist eine bewährte Hilfe bei akuten oder immer wiederkehrenden Durchfällen und bei Entzündungen des Verdauungstrakts. Dabei spielt es keine Rolle, ob die Ursache ein Fütterungsfehler oder eine Infektion ist. Er stoppt den Durchfall rasch, besänftigt die entzündeten Darmschleimhäute und wirkt darüber hinaus stark bakterien- und pilzhemmend, wie neuere Studien zeigen. Gleichzeitig vermindert er Schmerzen und gibt den Tieren wieder Energie.
Blutweiderich ist gut verträglich, er kann also auch bei Jungtieren oder bereits geschwächten Patienten eingesetzt werden.

Die Langohren fressen Blüten und Kraut sehr gern. Falls das Tier keinen Appetit mehr hat, bereitet man einen Tee zu. Hierfür 1 Teelöffel getrocknetes Kraut mit 1 dl kochendem Wasser übergießen und eine halbe Stunde ziehen lassen. Anschließend abseihen und dem Tier etwa 5 bis 10 ml davon eingeben. Es ist wichtig, dass das kranke Kaninchen dabei nicht gestresst wird. Mag das Tier nicht die ganze Menge trinken, gibt man mehrmals kleinere Portionen ein.

Blutweiderich ist nicht nur gesund, sondern auch dekorativ.

Als Inhaltsstoffe findet man Gerbstoffe, Harz, Flavon, Pektin, ätherische Öle und ein Glykosid namens Salicarin. Forscher vermuten, dass dieses Salicarin in Kombination mit Gerbstoffen und Pektin für die bemerkenswerte Wirkung gegen Durchfall verantwortlich ist. Doch Blutweiderich hilft nicht nur dem Darm: In den Nieren stärkt er die wichtigen kleinen Filterchen und dichtet sie bei Entzündung wieder ab. Damit stoppt er das krankhafte Ausscheiden von Eiweiß bei Nierenerkrankungen. Auf Leber und Lymphsystem hat er eine anregende Wirkung und hilft somit bei der Entgiftung des Körpers. Eine Abkochung von Blutweiderich als Umschlag lindert entzündliche Hauterkrankungen und Juckreiz.

TIPP FÜR ZWEIBEINER

Auch dem Kaninchenhalter hilft Blutweiderich. Bei Zahnfleischbluten kaut man einen Blutweiderichstängel oder spült mit Tee. Der Kaninchenhalterin verleiht er schließlich als Haarspülung seidig glänzendes Haar. Dazu übergießt man zwei Handvoll des frischen Krautes mit einem Liter kochendem Wasser. Sobald der Aufguss Körpertemperatur hat, wird abgeseiht und die Spülung angewendet. Das Haar wird mit dieser Pflege gleichzeitig gekräftigt.

Bohnenkraut heilt Bauch und Atemwege

***Satureja montana* (Winter-Bohnenkraut)**
***Satureja hortensis* (Sommer-Bohnenkraut)**

VORSICHT!

Nicht nur in der Natur findet der Kaninchenliebhaber wirksame Pflanzen für seine Tiere. Auch der Küchengarten birgt eine Fülle von wertvollen Kräutern. Gerade traditionelle Würzkräuter wurden den Gerichten nicht nur des Aromas willen, sondern auch wegen der besseren Verdaulichkeit zugegeben. Zu diesen heute etwas verkannten Pflänzchen gehört das Bohnenkraut. Es gibt Bohnengerichten geschmacklich den letzten Schliff, sorgt aber auch dafür, dass die Hülsenfrüchte nicht schwer im Magen liegen und beugt den berüchtigten Blähungen vor. Damit ist bereits Wesentliches zu seiner Heilwirkung gesagt: Bohnenkraut hilft zu verdauen, verhindert Gasbildung, lindert Krämpfe, stoppt zuverlässig Durchfall und stärkt Magen und Darm. Bemerkenswert ist seine rasche Hilfe bei Schmerzen im Verdauungstrakt.

Da es keine Rolle spielt, ob diese Beschwerden auf eine Infektion zurückgehen oder fütterungsbedingt sind, deckt es gleich einen beachtlichen Teil der Gesundheitsstörungen von Kaninchen ab. Seine appetitanregende Wirkung ist besonders bei kränkelnden Kaninchen wichtig, denn der Nahrungsbrei im Verdauungstrakt wird nur weitertransportiert, wenn das Tier immer wieder frisst; längeres Fasten kann zu einem Verdauungsstillstand führen. Aromatischen Kräutern wie dem Bohnenkraut können Kaninchen selbst in kranken Tagen kaum widerstehen, der Appetit bleibt erhalten und die Verdauung in Gang. Krank machende Mikroorganismen wie Hefen, Coli-

INFO

Auch hilfreich für Bienen und Federvieh
Bohnenkraut hilft nicht nur Kaninchen; ein daraus zubereiteter Tee ist eine gesunde Bienentränke und hilft gleichzeitig gegen Bienenruhr. Dazu werden 2 Teelöffel Bohnenkraut (frisch oder getrocknet) mit 2,5 dl kochendem Wasser übergossen. Sofort zudecken, damit die ätherischen Öle im Tee bleiben, und 10 Minuten ziehen lassen. Ein stärkerer Aufguss (10 g Kraut auf 1 dl Wasser) wirkt virenhemmend bei der Geflügelkrankheit Newcastle Disease. Dieser starke Aufguss kann bei einem Seuchenausbruch prophylaktisch gegeben werden.

Bakterien und Kokzidien werden von Bohnenkraut gehemmt, die wichtige Darmflora aber geschont. Bei akuten Verdauungsstörungen reicht man dem leidenden Langohr täglich ein etwa 10 cm langes Zweiglein Bohnenkraut. Nebenwirkungen sind nicht zu befürchten. Einzig während der Trächtigkeit sollte man das Pflänzchen nicht verfüttern, da es die Gebärmutter anregt.

Bohnenkraut wird für eine bessere Verdaulichkeit auch gern als Gewürz verwendet.

Bohnenkraut stärkt ebenfalls die Bronchien, lindert Atemwegsentzündungen und stoppt die Schleimbildung bei Asthma. Auch im Atemtrakt wirkt das ätherische Öl antimikrobiell. Es hemmt Bakterien, aber auch Viren, Pilze und Parasiten. Darüber hinaus stimuliert es das Immunsystem.
Der wissenschaftliche Name Satureja leitet sich von den Satyrn ab, so heißen die lüsternen Waldgeister aus der griechischen Sagenwelt. Der Name deutet auf die aphrodisierende Wirkung des Pflänzchens hin. Bohnenkraut bringt Kaninchen in Paarungsstimmung, selbst früh im Jahr oder bei fast nicht endenden Wintern. Die Heimat des Bohnenkrauts ist der östliche Mittelmeerraum. In Mitteleuropa wird es in Gärten kultiviert, hin und wieder kann man es auch verwildert finden. Sein Geruch ist charakteristisch, der Geschmack aromatisch-pfeffrig, was ihm zum Namen Pfefferkraut verholfen hat. In Notzeiten wurde Bohnenkraut daher auch als Pfefferersatz verwendet. Als Inhaltsstoffe findet man ätherische Öle, Gerbstoffe, etwas Schleimstoffe und organische Säuren.

TIPP FÜR ZWEIBEINER

Dem Menschen hilft Bohnenkraut nicht nur bei Verdauungsproblemen. Bei Grippe, Erkältungen, Husten mit viel Schleim und einem Kältegefühl in der Brust bringt ein heißer Bohnenkraut-Tee rasche Linderung.

Kleine Braunelle mit großer Wirkung

Prunella vulgaris (Gewöhnliche Braunelle)

Die Kleine Braunelle ist eine unscheinbare, aber häufige Heilpflanze, die weitgehend in Vergessenheit geraten ist. Sie wächst auf Rasen, Fettwiesen und Weiden, an Ufern und Wegrändern. Wer sie einmal kennt, entdeckt sie überall. Sie ähnelt dem Kriechenden Günsel, der aber im Unterschied zur Braunelle blaue Blüten hat und Blätter, die direkt am Stiel sitzen.

So klein und unscheinbar das Pflänzchen auch sein mag, seine Heilkräfte sind es nicht: Braunelle ist ein pflanzliches Antibiotikum, früher wurde sie sogar gegen Diphtherie eingesetzt! Anders als Antibiotika hemmt Braunelle jedoch auch Viren (in Laborversuchen sogar HIV).
Kaninchen mögen das kleine Kraut als Leckerbissen. Die regelmäßige Gabe hält die Leber gesund, stärkt die gesamten Verdauungsorgane und beugt Gasbildung im Darm vor. Die entzündungshemmenden und zusammenziehenden Wirkstoffe der Braunelle besänftigen gereizte und tränende Augen, Entzündungen des Verdauungstrakts und der Milchdrüsen. Lymphknotenschwellungen, Geschwüre und sogar Tumore gehören ebenso zum Anwendungsgebiet von Braunelle wie Erkrankungen der Atemorgane und Harnwege. Sie kann bei allen Infektionen mit Viren und Bakterien eingesetzt werden, auch ergänzend zu einer konventionellen Behandlung.

Entzündungen der Mundhöhle, wie sie bei der Viruskrankheit Stomatitis vesiculosa (Ansteckender Speichelfluss) auftreten, heilen zügig ab, wenn man dem Patienten täglich einige Blätter reicht. Mag das Tier nicht mehr fressen, hilft das Einflößen von Braunellen-Tee: 1 Esslöffel frisches oder 1 Teelöffel trockenes Kraut in 2,5 dl

INFO

Myxomatose vorbeugen

Braunelle könnte nicht zuletzt eine begrenzte vorbeugende Wirkung gegen Myxomatose aufweisen. In Ländern, in denen keine Impfung zugelassen ist, muss der Züchter bei Myxomatosefällen in seiner Nähe vorbeugende Maßnahmen treffen: Anbringen von Fliegengittern vor den Ställen, da die Verbreitung größtenteils über Stechmücken geschieht, strikte Quarantäne bei Zukäufen und Stärkung der Tiere durch geeignete Heilkräuter wie Braunelle.

Braunelle wirkt zuverlässig bei Infektionen.

Wasser aufkochen, 5 Minuten leicht köcheln, abseihen und nach dem Abkühlen dem Tier immer wieder kleine Mengen eingeben.
Dieser Tee eignet sich auch zur Behandlung von Verletzungen aller Art, denn Braunelle gehört zu den wichtigsten Wundheilpflanzen. Im englischen Sprachraum trägt sie deshalb den Namen „Zimmermanns Heil". Ihre Blätter können auch als Notverband dienen, wenn nichts anderes zur Hand ist.

Die Inhaltsstoffe des kleinen Pflänzchens sind beachtlich: Gerbstoffe, Bitterstoffe, Ursolsäure, Kaffeesäure, Saponine, Harz sowie die Vitamine A, B, C und K.
Es lohnt sich also, von dieser vielseitigen Heilpflanze einen Vorrat für den Winter zu trocknen: Blätter oder blühende Pflanzen ohne Wurzeln werden luftig ausgebreitet im Schatten getrocknet. Da die Pflanze sehr klein ist, sollte sie nicht an Hundespazierwegen gesammelt werden (Hundebandwurm!).

Breitwegerich wirkt auf breiter Front

Plantago major (Breitwegerich)

Der schmalblättrige Spitzwegerich (siehe Seite 126) mit Hauptwirkung auf die Atemwege ist allgemein bekannt. Sein robuster Bruder, der Breitwegerich, wächst am liebsten an Wegrändern und nimmt es gar nicht übel, wenn man auf ihm herumtritt. Im Gegenteil, er wächst am üppigsten auf oft begangenen Pfaden. Im Winter zieht er im Gegensatz zum Spitzwegerich ein, das heißt, nur die Wurzeln überdauern verborgen in der Erde. Im späten Frühling erscheinen dann die bekannten breiten Blätter und ergänzen den Speisezettel unserer Langohren bis zu den ersten Frösten.
Breitwegerich ist ein vorzügliches Beifutter für Tiere mit heikler Verdauung und sehr geeignet als erstes Grün für Jungtiere. Er hat gleich doppelte Wirkung auf die Verdauungsorgane: Lokal besänftigt er entzündete Verdauungswege, gleichzeitig stärkt er die Nerven, beruhigt nervöse Tiere und verbessert über das vegetative Nervensystem die Verdauung. Köttel mit unverdauten Bestandteilen verlangen nach einer Behandlung mit Breitwegerich.

Der Breitwegerich bringt den ganzen Sommer bis zum ersten Frost Abwechslung in den Speiseplan der Kaninchen.

Jungtiere, die nicht so recht gedeihen wollen, können ebenfalls auf seine Hilfe zählen: Das regelmäßige Zufüttern regt über das vegetative Nervensystem den ganzen Stoffwechsel an, entgiftet die Leber und bringt Energie und Appetit. Die Schutzwirkung auf die Leber hilft dem Körper, mit Schadstoffen besser fertig zu werden. Verfüttert werden die Blätter. Dabei ist darauf zu achten, dass sie aufgrund ihres bodennahen Wachstums nicht stark verschmutzt sind. Wirksame Inhaltsstoffe sind unter anderem Schleimstoffe, Gerbstoffe, Aucubin, Flavonoide und Kieselsäure.

Wegerich ist eines der besten Heilmittel für gereizte und entzündete Haut! Dazu setzt man am besten ein Heilöl an: Am Morgen nach Abtrocknen des Taus saubere Breitwegerichblätter sammeln und einen Tag lang im Schatten anwelken lassen. Fein hacken, in ein Einmachglas füllen und mit kalt gepresstem Öl (Sonnenblumenöl oder Olivenöl) überdecken. Das verschlossene Glas für drei bis vier Wochen in die Sonne stellen. Danach sorgfältig filtrieren und darauf achten, dass der wässrige Bodensatz zurückbleibt.

Das tiefgrüne, heilsame Öl ist ein wichtiges, schmerzstillendes Mittel bei Ohrenentzündungen. Dazu werden dem Tier einige Tropfen ins Ohr gegeben und durch sanftes Massieren gut verteilt. Das Öl hilft auch bei juckenden Insektenstichen. Es lindert Schmerzen und regt bei Verletzungen den Heilungsprozess an.

Bei Verstopfung verfüttert der kräuterkundige Kaninchenzüchter die Samenstände von Breitwegerich, denn sie regen die Darmtätigkeit an. Damit sie jederzeit zur Hand sind, sammelt und trocknet man sich am besten einen kleinen Vorrat.
Unter dem Namen Plantago findet die Pflanze auch Verwendung in der Homöopathie: In tiefen Potenzen besänftigt sie Ohren- und Zahnschmerzen.

TIPP FÜR ZWEIBEINER

Rauchende Kaninchenzüchter, die gern vom Glimmstängel loskommen möchten, finden Unterstützung beim Breitwegerich: Der Tee gilt als gutes Mittel zur Raucherentwöhnung. Getrocknete zerriebene Breitwegerichblätter mit 2 dl kochendem Wasser aufbrühen, 10 Minuten ziehen lassen und dann alle zwei Stunden davon 1 Teelöffel voll einnehmen. Täglich sollte man sich frischen Tee aufgießen.

Brennnessel für Mineralstoffe und Milch

Urtica dioica (Große Brennnessel)

Es gibt wohl niemanden, der nicht schon hautnah schmerzhafte Bekanntschaft mit ihr geschlossen hat: die Brennnessel. Sie ist allbekannt, unbeliebt und doch steckt sie voller nützlicher Eigenschaften. Sie ist Heilpflanze, Faserpflanze, Färbepflanze, Gemüse und ökologisch wichtige Insekten-Futterpflanze. Rund 150 Tierarten leben auf und von der Brennnessel, davon sind 25 Schmetterlingsarten unbedingt auf sie angewiesen.

Brennnessel hat nicht nur Heilwirkung, sondern ist auch für Insekten eine wertvolle Futterpflanze.

Wer Brennnesseln sammeln will, braucht nicht weit zu suchen. Sie gehört zu den Kulturfolgern und gilt als Stickstoffanzeiger. Ihre Inhaltsstoffe füllen Seiten. Erwähnenswert für Kaninchenhalter ist der hohe Gehalt an Vitaminen (C, B1, B2, B6, K) Pantothensäure, Folsäure und Mineralstoffen (Kalium, Kalzium, Silizium, Phosphor, Eisen, Magnesium) sowie Spurenelemente. Sie gehört zu den besten entgiftenden und ausleitenden Pflanzen, regt den gesamten Stoffwechsel an, wirkt gegen rheumatische Erkrankungen, stimuliert das Immunsystem, mehrt die Milchproduktion der Muttertiere, ist blutbildend und stärkend.

Je nach gewünschter Wirkung verwendet man das getrocknete Kraut, die Samen oder die Wurzel. Letztere wird allerdings für Kaninchen weniger verwendet, denn sie hilft bei Prostatabeschwerden.
Brennnesselsamen jedoch enthalten hormonwirksame Stoffe, die älteren Rammlern wieder auf die Sprünge helfen können. Jeden Tag eine Prise übers Futter gestreut stimulieren sie die Hirnanhangdrüse (Hypophyse) und verbessern die Vitalität und das Allgemeinbefinden.
Erfahrungsgemäß werden getrocknete Brennnesselblätter gern gefressen, meist sogar vor dem Kraftfutter! Aber Vorsicht: Sie sind eiweißreich, daher sollte man sie lieber in kleinen Mengen, aber dafür regelmäßig reichen!

Zur Anregung der Milchbildung erhält die Häsin etwa 1 Teelöffel voll getrocknete Brennnesselblätter übers Futter. Oder man bereitet der Häsin einen Tee aus Brennnesselblättern zu unter Zugabe von einigen Fenchelsamen oder Anissamen, die ebenfalls milchfördernd sind. (Salbei und Minze hingegen verringern die Milchbildung und gehören nicht ins Futter einer säugenden Häsin!)
Heranwachsende Jungtiere profitieren ebenfalls von Brennnesselheu: Es regt ihr Immunsystem an und die Mineralstoffe verhelfen zu einem guten Knochenaufbau. Als wertvolles Beifutter reicht man es gern auch in der kalten Jahreszeit, wenn nicht so viel Frischfutter zur Verfügung steht.

TIPP FÜR ZWEIBEINER

Ein Rezept für Kaninchenzüchters Kochbuch: Für Brennnesselspinat werden junge Triebe kurz in Wasser aufgekocht, herausgenommen, gehackt und mit Butter und Zwiebeln gedünstet. Dann Würzen und nach Belieben mit Crème fraîche servieren.

Brombeere zur Stärkung

Rubus fruticosus (Echte Brombeere)

Eine unserer ältesten Heilpflanzen ist die Brombeere, begleitet sie den Menschen doch schon seit vielen tausend Jahren. Brombeeren bilden eine große Gruppe formenreicher Unterarten, dennoch sind sie eigentlich unverkennbar. Am ehesten wird die Brombeere verwechselt mit der zierlicheren Kratzbeere (*Rubus caesius*), die ebenfalls essbar ist und ähnliche Heilwirkungen aufweist.

Trotz dem unangenehm stacheligen Äußeren gelten Brombeerblätter bei Kaninchen als Leckerbissen und haben auch gesundheitlich einiges zu bieten: Sie kräftigen den Verdauungstrakt, insbesondere die Darmschleimhaut, wirken Durchfall entgegen und eignen sich damit vorzüglich als erstes Grünfutter für junge Kaninchen. Auch in der Absetzphase sind Brombeerblätter eine wichtige Nahrungsergänzung: Regelmäßig verabreicht, verhindern sie so manche Verdauungsstörung und helfen dem Tier über diese heikle Zeit hinweg.

Brombeerblätter sind besonders gut als erstes Grünfutter für Jungtiere geeignet.

Nach einer überstandenen Trommelsucht beruhigen Brombeerblätter den Verdauungstrakt und helfen beim Übergang zur normalen Fütterung. Reizungen im Blinddarm, dieser wichtigen Gärkammer im Kaninchenorganismus, heilen mit einer Brombeerblätterkur ab.

Im Wald findet man große Mengen an Brombeeren und kann das ganze Jahr über Blätter schneiden. Vorsicht vor dem Fuchsbandwurm! Am besten nicht zu bodennah sammeln und im Zweifelsfall die Blätter waschen.

Möchte man die Pflanze im Garten ansiedeln, hat man sogar verschiedene stachellose Sorten zur Auswahl.

Brombeerblätter fördern die Elastizität und Belastbarkeit der Muskeln – eine ideale Vorbereitung auf die Kaninchensportdisziplin Kaninhop, die aus ihren Ursprungsländern Schweden und Dänemark jetzt auch den deutschsprachigen Raum erobert hat. Während des Trainings bietet man als Belohnung Brombeerblätter an. Das ist für den langohrigen Athleten gesünder als gekaufte „Leckerlis“. Ein paar Blätter vor dem Start bringen das Tier in Bestform und fallen nicht unter verbotenes Doping.

Die Wirkung auf die Muskulatur verhilft Muttertieren zu einer leichten Geburt. Dazu reicht man Brombeerblätter einige Tage vor dem errechneten Termin. Die Blätter lassen sich problemlos trocknen und werden auch in dieser Form gern gefressen – sie erhalten durch den Trocknungsprozess ein feines, rosenartiges Aroma.

TIPP FÜR ZWEIBEINER

Um einen Genusstee für Zweibeiner zu erhalten, lässt sich dieses Rosenaroma durch einen Fermentationsprozess verstärken: Man lässt die Blätter einen Tag anwelken, befeuchtet sie anschließend leicht mit Wasser und quetscht sie mit einem Wallholz. In ein Tuch einrollen, das Ganze in einen Plastiksack stecken und zwei Tage an einem warmen Ort aufhängen. Dann auspacken und luftig trocknen lassen. Ein Tee aus so fermentierten Blättern schmeckt besonders als Eistee gut und ist ein bewährter Durstlöscher.

Buche stärkt die Nieren und kühlt

Fagus sylvatica (Rotbuche)

Die Rotbuche ist unsere häufigste Baumart; viele Orts- und Flurnamen sind nach ihr benannt. Der silbergraue glatte Stamm und das goldgrün durchscheinende Frühlingslaub sind besonders schön. Heute schätzt man vor allem das Holz der Buche, doch in früheren Zeiten war sie als Heil- und Futterpflanze ebenso begehrt. Die Blätter wirken kühlend und bilden damit ein willkommenes Sommerfutter. Kaninchen mögen heiße Tage nicht besonders. Eine luftige Beschattung der Ställe und ein kühler Liegeplatz – beispielsweise in den Sommermonaten eine Fliese aufs Liegebrett legen – hilft den Langohren „cool" zu bleiben. Reicht der Kaninchenzüchter dazu noch kühlende Kräuter, muss er sich an heißen Tagen keine Sorgen mehr um seine Tiere machen.
Die kühlende Wirkung hilft auch bei Entzündungen im Maulbereich. Buchenblätter lindern den Schmerz und beschleunigen die Heilung.

Buchenblätter enthalten Flavonoide, Gerbstoffe, organische Säuren und Mineralstoffe. Sie regen die Nieren zu vermehrter Tätigkeit an, die Harnwege werden gespült und Nieren- und Blasengrieß ausgeschwemmt. Blätter und Rinde enthalten

Die Rotbuche erhellt mit ihrem silbernen Stamm und den goldgrünen Frühlingsblättern unsere Wälder.

Gerbstoffe, welche die Schleimhäute des Verdauungstrakts kräftigen und Durchfall vorbeugen. Damit sind Buchenäste auch ein geeignetes Beschäftigungsfutter für Jungtiere. Ein krankes Kaninchen mit Fieber gehört in die Hände eines Tierarztes. Zarte Buchenzweige als Beifutter senken das Fieber, beruhigen das Tier und sorgen dafür, dass der Appetit erhalten bleibt.

Buchenknospen sind reich an Vitaminen.

In Buchenknospen steckt eine geballte Ladung Vitamine, Eiweiße und Pflanzenhormone. Sie dämpfen allergische Reaktionen, indem sie die Ausschüttung des Gewebehormons Histamin hemmen. Auch in der Blütentherapie von Dr. Bach wird die Buche genutzt. Sie hilft bei aggressiven Tieren, die ihre Artgenossen dominieren und immer wieder angreifen. Die Blütenessenz nach Dr. Bach Nr. 3 (Beech) verleiht den kleinen Tyrannen etwas mehr Gelassenheit.

TIPP FÜR ZWEIBEINER

Hier noch ein Tipp für den Kaninchenfreund, der zu lange vor dem Bildschirm saß: Ein frisches Blatt auf entzündete oder tränende Augen aufgelegt, nimmt rasch das lästige Brennen.

ACHTUNG!

Die Früchte der Buche, die Buchecker, enthalten in der dünnen braunen Haut Fagin, das für pflanzenfressende Tiere giftig ist. Auch Kaninchen meiden die Früchte, doch Schweine lieben sie und fressen sie ohne Probleme. Aus den Bucheckern kann ein wertvolles Speiseöl mit feinem Nussgeschmack gewonnen werden, das frei von Fagin ist.

Cassis gegen Entzündungen

Ribes nigrum (Schwarze Johannisbeere)

Als Wildpflanze findet man die Schwarze Johannisbeere oder Cassis selten. Sie wird jedoch häufig in Gärten angepflanzt. An ihrem Geruch scheiden sich die Geister, Liebhaber nennen ihn aromatisch, doch im Volksmund heißt der Strauch auch Stinkstruk, Bocksbeere oder Wanzenbeere.

Kaninchen gehören überwiegend zu den Anhängern dieser Pflanze. Geschnittene Zweige vom herbstlichen Aufräumen im Garten werden säuberlich abgefressen – eine gesunde Zusatzkost in dieser Jahreszeit.

Schwarze Johannisbeere ist reich an Gerbstoffen, Aminosäuren, Vitamin C, Anthozyanen und Flavonoiden. Die Blätter wirken stärkend und belebend, erleichtern die Tätigkeit der Verdauungsorgane, stoppen Durchfall und Entzündungen im Verdauungstrakt werden gelindert.

Die Kaninchen knabbern bei Zweigen vor allem auch die Knospen genussvoll und restlos ab. Damit behandeln sie sich mit Gemmotherapie (Gemma lateinisch = Knopse), einem neueren Zweig der Pflanzenheilkunde. Knospen sind als Wachstumszonen der lebendigste Teil der Pflanzen, reich an freien Aminosäuren, energiereichen Phosphatverbindungen und Pflanzenhormonen. In der Gemmotherapie werden Knospenauszüge von verschiedenen Pflanzenarten als Spray angewendet; über die Mundschleimhaut gelangen die Wirkstoffe direkt ins Blut. Kaninchen machen das, indem sie die Knospen fressen – die Wirkung ist vergleichbar.

Die Knospen der Schwarzen Johannisbeere sind ein wichtiges Mittel gegen Entzündungen, ein eigentliches pflanzliches Kortison, das bei allen allergischen und entzündlichen Prozessen wirksam ist.

Johannisbeere regt die Nebennieren an, ein kleines Organ, das beim Kaninchen vorn auf den Nieren sitzt. Nebennieren sind wichtige Hormondrüsen, bestehend aus einer Rindenschicht, in der neben Geschlechtshormonen auch Glukokortikoide (u. a. Kortison) gebildet werden, die für die Bereitstellung von Energie wichtig sind. Die innere Schicht, das Nebennierenmark, ist zuständig für die Produktion von Stresshormonen. Nicht zuletzt hat die Nebenniere auch Einfluss auf den Wasser- und Elektrolythaushalt im Körper (Elektrolyte sind gelöste Salze).

Die Schwarze Johannisbeere ist vor allem als Kulturpflanze zu finden.

Knospen von Schwarzer Johannisbeere optimieren die Nebennierentätigkeit und helfen bei Allergien, Gelenksentzündungen, Hirn- und Hirnhautentzündung, Entzündungen des Verdauungstrakts und der Atmungsorgane.
Darüber hinaus verbessern sie die Wirkung anderer pflanzlicher Heilmittel. Hautprobleme und Juckreiz ohne nachweisbare Krankheitserreger (Pilze, Parasiten, Bakterien) können mit Johannisbeerknospen gelindert werden, ebenso eine allgemeine Anfälligkeit gegenüber Verdauungsstörungen. Johannisbeere liefert Energie, die Stressempfindlichkeit nimmt ab.

Patienten, die Cassis nicht fressen wollen, kann man mit einem Tee aus Blättern und Knospen sanft zu ihrem Glück zwingen: 2 Teelöffel voll werden mit 3 dl kaltem Wasser zum Sieden erhitzt und danach sofort abgeseiht. Dem Tier davon zweimal täglich 5 bis 10 ml direkt eingeben oder mit einem Kräutertee mischen und zum Trinken anbieten.

Dost stimuliert das Immunsystem

Origanum vulgare (Gewöhnlicher Dost)

Dost oder Wilder Majoran wächst verbreitet an sonnigen trockenen Waldrändern, in Trockenwiesen und Waldlichtungen. Das charakteristische Aroma ist uns als Pizzagewürz vertraut. Vor seiner kulinarischen Karriere in der italienischen Küche wurde Dost bereits seit über 2000 Jahren als Heilpflanze genutzt. Der volkstümliche Name „Wohlgemut" fasst seine Kräfte kurz und treffend zusammen. Die meisten Kaninchen schätzen Dost als Delikatesse. Er steigert den Appetit und schützt vor Verdauungskrankheiten wie Durchfall, Blähungen und Darminfektionen.
Dank seines ätherischen Öls mit den hochwirksamen Bestandteilen Thymol und Carvacrol hemmt Dost Bakterien, Viren, Pilze und Parasiten. Gleichzeitig stimuliert er das Immunsystem. Weiter enthält Dost Bitterstoffe und Gerbstoffe, also verdauungsanregende und darmstärkende Substanzen.

Das reine ätherische Öl, das durch Wasserdampfdestillation gewonnen wird, hat in der landwirtschaftlichen Nutztierforschung Interesse geweckt: Kälber und Ferkel

Dost wird von Kaninchen gern genommen und stärkt das Immunsystem.

schützt es vor Verdauungskrankheiten und steigert ihre Mastleistung. Deutsche Kaninchenzüchter versuchten daraufhin, mit diesem Oregano-Öl der gefürchteten Enteropathie ein Ende zu setzen und hatten teilweise Erfolg. Der lang ersehnte Durchbruch, erkrankte Kaninchen mit der Gabe von Oregano-Öl zuverlässig zu heilen, gelang allerdings nicht. Vorbeugend und zur Stärkung des Immunsystems ist Dost dennoch ein äußerst wertvolles Beifutter.

In der Pflanzenheilkunde ist er eine wichtige Entgiftungspflanze – möglicherweise gilt das vorbeugend auch für Clostridien-Toxine, die zur Darmlähmung führen. Dabei muss nicht unbedingt konzentriertes Oregano-Öl verabreicht werden; einfacher und weniger riskant ist die Gabe von frischem oder getrocknetem Dost.
In Problembeständen kann eine Prise davon, täglich jedem Kaninchen übers Futter gestreut, die Lage stabilisieren. Bereits erkrankten Kaninchen wird Dost als Teezubereitung eingegeben: 1 Teelöffel Dost mit 1 dl kochendem Wasser übergießen, 5 Minuten zugedeckt ziehen lassen und anschließend lauwarm mit einer Spritze eingeben. Dost wirkt nicht nur desinfizierend, sondern auch schmerzstillend und regt die Lebensgeister an. Zum Trocknen werden die blühenden Pflanzen im Spätsommer geschnitten in Büscheln aufgehängt und im trockenen Zustand zerrieben.

Außer dem wild wachsenden Dost gibt es weitere für Kaninchen geeignete Oregano-Arten, die als Gewürzpflanzen in Gärtnereien angeboten werden, am häufigsten sind Kretischer und Griechischer Oregano (*Origanum onites* und *Origanum heracleoticum*). Beide Arten sind durch den höheren Gehalt an ätherischen Ölen noch stärker in ihrer Wirkung. Majoran (*Origanum majorana*) weist hingegen eine andere Zusammensetzung des ätherischen Öls auf und kann in seiner Wirkung nicht mit Dost gleichgesetzt werden.
Als homöopathisches Mittel wird Dost unter dem Namen Origanum in tiefen Potenzen (D1 bis D3) verwendet. Er beruhigt sexuell überreizte Häsinnen.

TIPP FÜR ZWEIBEINER

Trockenen Dost mit Öl gemischt lässt man zwei Wochen ziehen, seiht dann ab und erhält so ein schmerzstillendes Öl für strapazierte Kaninchenzüchtergelenke. Bei Kopfschmerzen reibt man das Öl auf Stirn und Nacken ein.

Edelkastanie – eine rundum gesunde Sache

Castanea sativa (Edelkastanie)

Die Edelkastanie ist trotz ihres Namens nicht mit der Rosskastanie verwandt, sondern gehört zur Familie der Buchengewächse. Ihre Heimat liegt in Kleinasien, aber im Süden Europas gehört sie schon längst zu den „Alteingesessenen" und hat in Notzeiten zuverlässig die ärmere Bevölkerung mit ihren gehaltvollen Nüssen ernährt. Im Volk war der Glaube verbreitet, dass der stachelige Fruchtbecher aus gutem Grund drei Kastanien enthält: die erste ist für den Besitzer des Kastanienwaldes, die zweite für den Bauern, der die Bäume pflegt, und die dritte für die Armen.
Edelkastanien wachsen aber auch nördlich der Alpen. Wer sie in der Nähe findet, kann damit seinen Kaninchen eine gesunde Abwechslung verschaffen. Sie mögen die Kastanien gern und das Herausnagen der Frucht aus der braunen Samenschale beschäftigt die Tiere.
Es lohnt sich, die Früchte zu sammeln und damit im Winterhalbjahr das Futter aufzuwerten. Um sie haltbar zu machen, legt man sie in kaltes Wasser. Früchte, die obenauf schwimmen, wirft man weg, denn sie sind von Schädlingen befallen. Die Esskastanien bleiben etwa neun Tage in diesem Wasserbad, wobei das Wasser täglich erneuert werden muss. Nach dem Bad werden sie an einem luftigen Ort getrocknet. Je nach Größe der Kaninchen reicht man ein bis zwei Stück pro Tag!

Die Früchte der Edelkastanie werten das Futter im Winterhalbjahr auf.

Die Früchte enthalten 50 % Stärke, aber nur 5 % Fett und 6 % Eiweiß. Mineralien wie Kalium, Phosphor, Eisen, Mangan, Kupfer, Schwefel, Magnesium und die Vitamine B, C, E und Folsäure machen Kastanien zu einer rundum gesunden Sache. Medizinisch hat der Baum einiges zu bieten: Samenschale, Früchte und Blätter enthalten Gerbstoffe, stärken dadurch den Magen-Darm-Trakt und verhindern Durchfall. In den Blättern sind außerdem Flavonoide, Harz, Zucker und Pektin zu finden; direkt verfüttert oder als Tee helfen sie bei Erkrankungen von Lunge und Bronchien, stärken den Kreislauf und regen das Lymphsystem an.

Auch in den Blättern finden sich viele gesunde Inhaltsstoffe.

Dieses kann man sich als eine Art körperlicher Drainageleitung vorstellen, die offen in den Zwischenzellräumen beginnt und allmählich in Leitungen (Lymphgefäße) gefasst wird. Darin werden Stoffwechselendprodukte, Zelltrümmer und tote Zellen, Fremdkörper und Krankheitserreger abtransportiert. Immer wieder sind Lymphknoten in die Leitung zwischengeschaltet, in denen Abwehrzellen Krankheitserreger unschädlich machen und größere Zelltrümmer abbauen. Das Lymphsystem dient darüber hinaus als zweites Transportsystem (neben dem Blutkreislauf), um Zellen des Immunsystems an ihren Einsatzort zu bringen. Edelkastanie regt den Lymphfluss an und stärkt auf diese Weise die Körperabwehr – eine nützliche Unterstützung bei allen Infektionskrankheiten und als Nachsorge nach Impfungen und Medikamenteneinsatz.

Edelkastanie gehört zu den heilenden Bach-Blüten: Die daraus bereitete Essenz (Nr. 30, Sweet Chestnut) verleiht Lebens- und Überlebenskraft in schwierigsten Situationen, wenn das Tier am Ende seiner Belastbarkeit ist, kein Interesse am Leben mehr zeigt und das Futter verweigert. Außer schwerkranke Tiere können auch Häsinnen diese Blütenessenz benötigen, wenn sie in einen Energiemangel durch die hohe Milchleistung geraten. Eine lebensbedrohende Hypokalzämie zeigt sich in Apathie, Appetitlosigkeit und daran, dass sich die Häsin auf dem Nest zu wärmen versucht. Sie muss möglichst rasch tierärztlich behandelt werden.

INFO

Rascher Milcheinschuss, gesunde Mutter, weniger Jungtierverluste

Die beste Vorbeugung einer Hypokalzämie ist das Zufügen von Calcium phosphoricum D6 (Schüssler Salz Nr. 2) zur Tränke, und zwar ab der Geburt über drei bis vier Wochen. Das Mittel sorgt darüber hinaus für einen raschen Milcheinschuss; die Nestlinge sind von Beginn an satt und krabbeln nicht hungrig im Stall umher. Für Kaninchen ist die alkoholische Dilution (Verdünnung) besser verträglich als die üblichen Milchzuckertabletten. Dosierung: 6 bis 8 Tropfen auf die Wassermenge geben, welche die Häsin täglich trinkt.

Echter Eibisch heilt, stärkt und nährt

Althaea officinalis (Echter Eibisch)

Der Echte Eibisch ist eine jener Heilpflanzen, die den Menschen seit Urzeiten begleitet, wie Funde in steinzeitlichen Gräbern zeigen. Die Namen, die er trägt, geben deutlich Hinweis auf die innewohnenden Kräfte: Heilwurz, Hilfwurz, Schleimwurzel. Seine Heimat ist der östliche Mittelmeerraum, aber er wird bei uns seit Langem in den Gärten kultiviert. Auch Kaninchenfreunde tun gut daran, die hübsche Staude in ihren Garten aufzunehmen, denn unter Kräuterkundigen gilt Eibisch als eine der hilfreichsten Heilpflanzen!

Verwendet wird die ganze Pflanze, also Wurzeln, Blätter, Blüten und Samen. Der hohe Gehalt an Schleimstoffen macht den Eibisch zum besten Heilmittel für alle Schleimhäute. Für Kaninchen ist dabei die heilende Wirkung auf entzündete Darmschleimhäute besonders hervorzuheben. Die Schleimstoffe, die je nach Jahreszeit und Pflanzenteil bis zu 15 % ausmachen, legen sich wie eine lindernde Schutzschicht auf die entzündeten Stellen und fördern die Regeneration des gereizten Gewebes. Eibisch hilft bei Durchfall ebenso wie bei Verstopfung: Er heilt den Darm und sorgt dafür, dass er tadellos fuktioniert. Dazu gehört auch die optimale Aufnahme der Nährstoffe aus dem Nahrungsbrei. Eine geschädigte Darmschleimhaut kann dieser Aufgabe nicht mehr gerecht werden. Das Kaninchen leidet dann trotz besten Futters unter Mangel an gewissen Mineralstoffen und Vitaminen. Eibisch gibt dem Darm seine gesunde Funktion zurück, verbessert die Nährstoffversorgung des Tieres und schafft damit die Voraussetzung für optimales Gedeihen. Darüber hinaus regt er den Transport des Nahrungsbreis im Darm an. Für Tiere, die zu Verstopfung neigen, ist er eine wertvolle Verdauungshilfe – gerade auch in der Zeit des Haarwechsels.

In der indischen Gesundheitslehre Ayurveda gehören Eibischblätter zu den besten nährenden Stärkungsmitteln (Tonika) und sollen sogar verjüngend wirken: ein wertvolles Beifutter für Langohren jeden Alters! Als mildes pflanzliches Anabolikum vermehrt Eibisch das Muskelgewebe, natürlich ohne schädliche Nebenwirkungen. Damit verleiht er den Tieren den letzten Schliff für die Ausstellungssaison. Eibisch kann jedoch noch mehr: Er regt die Bildung von Verdauungsenzymen an und wirkt einer Übersäuerung in den Verdauungsorganen entgegen. Seine Eigenschaft, Giftstoffe zu binden und auszuscheiden, machen ihn zu einem bewährten Helfer bei Infektionen, nach Antibiotikabehandlungen oder bei Verdacht auf Gifteinwirkung.

Die schleimhautstärkende Wirkung erstreckt sich auch auf die Atemwege und die Harnwege. Bei Entzündungen von Blase, Niere oder Lunge ist Eibisch nie falsch, gilt die Pflanze doch seit Langem als Tonikum für Lunge und Niere. Zu all den guten Eigenschaften kommt eine immunstimulierende Wirkung dazu. Zur Behandlung

Beim Eibisch ist die ganze Pflanze heilsam.

reicht man frische Pflanzenteile oder getrocknete Wurzelstücke aus der Drogerie. Die Kaninchen fressen beides gern; täglich ein paar Blätter oder Wurzelstücke aufs Futter genügen.
Äußerlich hilft Eibischwurzel bei Bissverletzungen, Insektenstichen, Abszessen und wunden Läufen. 2 Teelöffel getrocknete Wurzelstücke werden mit 1 dl Wasser vermischt und 15 Minuten lang gekocht, damit der Auszug keimfrei ist. Abkühlen lassen und als Waschung oder als Umschlag anwenden. Für Kaninchen mit Lungenentzündung, die nicht mehr fressen, wird ein Kaltauszug gemacht: 1 Teelöffel Wurzelstücke auf 1 dl Wasser, einige Stunden oder über Nacht zugedeckt stehen lassen, abseihen, auf Körpertemperatur erwärmen und mit einer Spritze eingeben. Dies ist aber nur eine Zusatzbehandlung, denn Lungenentzündungen gehören in die Hand des Tierarztes. Der Kaltauszug muss täglich frisch zubereitet werden! Blätter und Blüten werden zur Teezubereitung mit heißem Wasser angebrüht. Entzündete Augen werden mit diesem abgekühlten Eibischwasser ausgewaschen. Das nimmt den Reiz und lässt die Entzündung abklingen. Nach einem Sturz wird Eibisch als Erste Hilfe verfüttert. Er stärkt die Häsin nach einer schweren Geburt und regt den Milchfluss an.
Der englische Name des Eibisch ist Marshmallow. Diese bekannte Süßigkeit wurde früher tatsächlich aus Eibischwurzeln zubereitet. Das Rezept geht auf die alten Ägypter zurück, die Marshmallows aus Eibischwurzeln und Honig herstellten – eine Spezialität, die den Göttern und Königen vorbehalten war.

TIPP FÜR ZWEIBEINER

All die guten Eigenschaften kommen natürlich auch dem Kaninchenzüchter zugute. Und falls er im Winter zu rissiger Haut neigt, hilft dagegen das Baden der Hände in Eibisch-Tee.

Eiche stoppt den Durchfall

Quercus robur (Stieleiche)
Quercus petraea (Traubeneiche)

Mit ihrem knorrigen Wuchs ist die Eiche ein beeindruckender Baum, ein Sinnbild an Kraft und Stärke. In vielen Kulturen wurde sie daher auch als heiliger Baum verehrt. Die Eiche gehört zu den Strahlensuchern, das heißt, sie wächst mit Vorliebe auf geophysikalischen Störzonen. Ihre gebuchteten Blätter machen sie unverwechselbar und auch ihre Früchte, die Eicheln, kennt jedes Kind.

Alle Teile der Eiche sind heilkräftig. Sie enthalten einen hohen Anteil an Gerbstoffen. Sie wirken entzündungshemmend, stopfend bei Durchfall, Darm kräftigend und töten Krankheitserreger ab. Frische Eichenzweige können zu jeder Jahreszeit problemlos beschafft werden. Man erkennt die Eiche im Winter an ihrem charakteristischen Wuchs und an der gefurchten Rinde.

Die typische Form der Eichelblätter ist unverwechselbar.

Die Zweige werden von den Kaninchen gern beknabbert und helfen bei Durchfall und Darmkatarrh (Enteritis). Die Blätter wirken ähnlich, aber etwas schwächer. Man kann auch etwas Rinde abschälen und davon einen Tee kochen. Hierfür etwa 5 g Rinde mit 1 dl Wasser kalt ansetzen, aufkochen, einige Minuten ziehen lassen, abkühlen lassen und dem Patienten eingeben (10 ml auf mehrere Gaben verteilt).

Die Eicheln werden im Herbst gesammelt. Sie sind eine nahrhafte und stärkende Nahrungsergänzung im Winter. Sie sollten nur ausgereift verfüttert werden und nicht, solange sie noch grün sind. Um Schimmelbefall zu verhindern, empfiehlt es sich, die Eicheln zu schälen und an der Sonne oder auf dem Ofen gut zu trocknen. Pro Tag ein bis zwei Stück als gesunde Leckerbissen reichen für ein Kaninchen

Im Frühling können vor dem ersten Ausflug in den grasbewachsenen Auslauf einige junge Eichenblätter verfüttert werden. Sie wirken dem abführenden Frühlingsgras entgegen.

Auch die Bachblütentherapie nutzt die Kräfte der Eiche: Die Eichenblütenessenz (Nr. 22, Oak) verhilft zu mehr Gelöstheit.

TIPP FÜR ZWEIBEINER

Wer Lust hat auf Großmutters Eichelkaffee, hier ist das Rezept dazu: Eicheln schälen, auf Kaffeebohnengröße zerkleinern und auf kleiner Flamme braun rösten. Dadurch verschwinden die bitteren Gerbstoffe. In einem Mörser fein zerstoßen. Das Pulver in heißes Wasser einrühren und 10 Minuten kochen. Abseihen und Milch und Zucker nach Belieben dazugeben.

Eisenkraut verleiht eiserne Gesundheit

Verbena officinalis (Echtes Eisenkraut)

VORSICHT!

Eisenkraut ist eine wenig auffallende, aber an Wegrändern und auf mageren Weiden öfter anzutreffende Pflanze. Die steif aufrechten Blütenähren, die während der Blütezeit immer mehr in die Länge wachsen, und die winzigen, blasslila Blüten machen sie unverwechselbar.
In der Antike wurde Eisenkraut verehrt, es hieß in verschiedenen Kulturen schlicht Herba sacra, „heiliges Kraut". Bei Verletzungen durch Waffen oder Tierbisse galt es als bestes Wundmittel. Sein Ruhm ist heute Vergangenheit – nicht aber seine Heilkraft! Inhaltsstoffe sind Flavone, Iridoide, Gerbstoffe, Bitterstoffe, ätherische Öle, Adenosin, Karotin, lösliche Kieselsäure.

Eisenkraut wird zu den Bitterpflanzen und somit zu den allgemeinen Stärkungsmitteln gezählt. Es ist ein ausgezeichnetes Kräutlein rund um die Ausstellungssaison: kräftigend und beruhigend, appetitanregend und mit einer guten Wirkung gegen Verdauungsprobleme. Eisenkraut bietet aufgrund seiner antibakteriellen Wirkung einen gewissen Schutz vor unangenehmen „Ausstellungssouvenirs" wie Durchfall oder Fressunlust. Man füttert es in der Woche vor der Ausstellung und nach Ausstellungsende noch einige Tage weiter, so ist das Tier schnell wieder in Bestform. 1 Teelöffel trockenes Kraut täglich genügt.

Nicht geeignet ist Eisenkraut für trächtige Häsinnen, denn es regt die Gebärmutter an. Kurz vor dem errechneten Wurftermin gereicht, verhilft es jedoch zu einer leichten und schnellen Geburt und ist dank seiner starken Anregung der Milchproduktion gerade auch bei größeren Würfen äußerst hilfreich.

Interessant für Kaninchenzüchter ist nicht zuletzt die Wirkung auf die Atemwege. Kaninchenschnupfen neigt zu chronischem Verlauf, da die Krankheitserreger auch in den Nasennebenhöhlen sitzen und dort schlecht behandelbar sind. Eisenkraut weist als Angriffspunkt unter anderem Stirn- und Nasennebenhöhlen auf! Zur Schnupfenbehandlung kombiniert man Eisenkraut am besten mit Bohnenkraut und Thymian. Aus den drei Kräutern wird ein Tee zubereitet: 1 Teelöffel von jedem Kraut in einer Tasse mit 2 dl kochendem Wasser überbrühen. Diesen Tee bietet man dem schnupfenden Tier zum Trinken an (eventuell mit einer Spritze einflößen). Die Behandlung sollte mindestens drei bis vier Wochen durchgeführt werden.

Damit Eisenkraut auch im Winter zur Verfügung steht, kann es getrocknet werden, wobei es allerdings etwa 25 % seiner Wirkstoffe verliert, oder man bereitet eine Tinktur daraus (siehe Seite 154).

Eisenkraut gehört zu den 38 Heilern von Dr. Bach. Essenz von Eisenkraut (Nr. 31) passt für Tiere, die eifrig und voller Begeisterung sind, aber zu Unarten neigen, wie z.B. der Rammler, der seinen Pfleger bei der abendlichen Fütterung blitzschnell mit Urin markiert. Es sind Tiere, die überaktiv, ja fast ein wenig nervös sind, andere dominieren wollen und zu Marotten oder Ticks neigen. Mischen Sie täglich einige Tropfen der Essenz ins Trinkwasser, bis eine Besserung eintritt.

Wer Eisenkraut nicht in der Natur findet, kann die Pflanze auch in Kräutergärtnereien kaufen.

Eisenkraut ist zwar eher unscheinbar, aber eine starke Heilpflanze.

ACHTUNG!

*Eisenkraut darf aufgrund des ähnlichen Namens nicht mit der Zitronenverbene (*Aloysia citriodora*, früher* Aloysia triphylla*) verwechselt werden. Letztere ist ein nicht winterhartes, erfrischend-zitroniges Teekraut mit anderen Wirkungen.*

Kühlende Erdbeere für heiße Tage

Fragaria vesca (Walderdbeere)

Kaninchen ertragen Hitze wesentlich schlechter als Kälte; sie können nicht wie wir am ganzen Körper schwitzen, sondern nur über die Ohren Wärme abgeben und hecheln, um sich abzukühlen. Durch gezielte Fütterung von kühlend wirkenden Kräutern können wir den Tieren von innen zusätzliche Erfrischung verschaffen. Was in der chinesischen und indischen (ayurvedischen) Medizin heute noch ein wichtiges Kriterium beim Auswählen passender Heilpflanzen ist, war früher auch bei uns in der Kräuterkunde selbstverständlich.

In alten Kräuterbüchern finden sich Angaben zu den energetischen Wirkungen der Pflanzen: Da gibt es wärmende und kühlende Heilpflanzen, befeuchtende und trocknende. Die energetischen Wirkungen werden in drei Stärkestufen (erster bis dritter Grad) unterteilt. Kühlend und somit zur Fütterung an heißen Tagen speziell geeignet sind Melisse, Hirtentäschel, Himbeere, Wegerich und Löwenzahn. Weitere kühlende Leckerbissen sind (ungespritzte) Rosen- und Weinrebenblätter und besonders auch kleine Stücke von Wassermelone.

Für Heilzwecke wird die wild wachsende Walderdbeere verwendet.

Kühlend wirkende Kräuter sorgen bei den Kaninchen für eine zusätzliche Erfrischung.

Kühlung an heißen Tagen verschaffen auch die Blätter der Erdbeere. Als Inhaltsstoffe findet man Gerbstoffe, Flavonoide, ätherische Öle, organische Säuren und Salicylsäure. Die mineralstoffreichen Blätter wirken blutreinigend und durch den hohen Eisengehalt blutbildend. Sie kräftigen während der Tragzeit und nach der Geburt Mutter und Jungtiere.

INFO

Drohender Hitzschlag – was nun?

Unruhe, Muskelzittern, Apathie, Krämpfe und Kreislaufversagen mit flachem, schnellem Puls sind die Symptome eines drohenden Hitzschlags. Das Tier sollte man dann sofort an einen kühlen Ort bringen und die Ohren mit feuchten (nicht eiskalten!) Tüchern kühlen. Die Läufe können zusätzlich in etwas Wasser getaucht werden. An den Ohrspitzen befinden sich kreislaufstützende Notfallpunkte aus der Akupunktur. Man kann sie während des Kühlens der Ohren etwas massieren. Melisse sollte man zum Fressen anbieten oder als Tee eingeben, denn sie unterstützt den Kreislauf. Sobald das Tier stabil genug ist, sollte es zum Tierarzt gebracht werden.

Erdbeerblätter wirken erfrischend und belebend, stimulieren den Appetit und stärken die Nerven. Leber und Nieren werden angeregt und Gewebeschäden an diesen wichtigen Organen regeneriert. Im Sommer macht den Kaninchen aber nicht nur die Hitze zu schaffen. An heißen Tagen bildet sich vermehrt aggressives Ozon, das in den Atemwegen Entzündungen hervorruft und so den Nährboden für Atemwegserkrankungen bereitet. Erdbeerblätter festigen die Lungen und wirken Ozonschäden entgegen.

Zu Heilzwecken werden übrigens vorwiegend Walderdbeeren eingesetzt. Großfrüchtige Kultursorten haben einen Teil der Heilkräfte eingebüßt, die kühlende Wirkung ist ihnen jedoch geblieben. Ob wild oder kultiviert, Kaninchen fressen Erdbeerblätter sehr gern; natürlich sollten sie nicht mit Pflanzenschutzmitteln behandelt worden sein. Im Wald gesammelte Blätter wäscht man vorsichtshalber vor dem Verfüttern (Fuchsbandwurm!). Wer die köstlichen Früchte der Erdbeere nicht alle selbst essen will, kann auch diese in kleinen Mengen den Kaninchen reichen. Sie sind allerdings aus energetischer Sicht von kalter und feuchter Qualität und dadurch leicht abführend. Im Gegensatz dazu gelten die Erdbeerblätter als kalt und trocken; sie wirken zusammenziehend und stoppen Durchfall.

Für die heiße Jahreszeit sollte das Auslaufgehege auch schattige Plätzchen bieten.

Auf die Sitzbretter gelegte Fliesen sind für die Kaninchen ein kühler Ruheplatz.

INFO

Hitzetage gut überstehen

Mit einfachen Tricks verschaffen wir den Kaninchen kurzfristig Erleichterung an heißen Sommertagen: Kühlend wirken in einigem Abstand vor die Ställe gehängte feuchte Tücher, aber auch wassergefüllte, gefrorene PET-Flaschen, die als Kühlbeutel in den Stall gegeben werden (Plastik-Etiketten entfernen!). Fliesen auf die erhöhten Sitzbretter gelegt, werden dankbar als kühler Ruheplatz angenommen. Wer kann, gewährt den Kaninchen Auslauf in einem schattigen und luftigen Freigehege.

Da wir uns künftig wohl auf vermehrte Hitzeperioden einstellen müssen, sollte man auch über langfristige Maßnahmen nachdenken, wie man den Sommer für Kaninchen erträglicher macht. Höhere Ställe mit großen Gitterflächen erlauben eine viel bessere Durchlüftung und damit einen besseren Wärmeabzug als kleine „bunkerartige" Gitteröffnungen. Vergitterte Seitenfenster bringen zusätzliche Frischluft, sollten aber verschließbar sein, damit im Winter die Wärme im Stall bleibt. Bei großer Hitze ist es im Wald am angenehmsten. Verschaffen wir den Kaninchen doch ein wenig Waldklima und pflanzen Bäume oder Büsche um die Ställe herum. Hasel und Weide sind schnitttolerant und dienen zusätzlich als Futtergehölze. Gut geeignet ist Holunder, der besonders schnell wächst und im Herbst wieder zurückgeschnitten werden kann.

Esche entsäuert den Organismus

Fraxinus excelsior (Gewöhnliche Esche)

Die Esche kommt häufig in Wäldern und an Flussufern vor. Die Fiederblätter und die großen schwarzen Knospen machen sie unverwechselbar. In früheren Zeiten war die Esche ein geschätzter Baum für die Futterlaubwirtschaft: Laub und Reisig wurden als Wintervorrat geerntet, um Heu zu sparen und gleichzeitig die Tiere mit gesundem Futter zu versorgen. Zu diesem Zweck wurden ausgewählte Futterbäume immer wieder geschnitten (geschnaitelt), was ihnen eine charakteristische Form ähnlich der bekannten Kopfweiden verlieh.
Diese Bewirtschaftung der Bäume begann bereits in der Jungsteinzeit und gilt als Voraussetzung zur Besiedlung des Alpenraums. Laub als Zusatznahrung versorgt die Tiere mit einer Extraportion Mineralien und Vitamine und beugt damit vielen Krankheiten vor. Es ist eine ideale Ergänzung zu Gras und Heu.

Das aromatisch-bittere Eschenlaub wird auch von den meisten Kaninchen gern gefressen. Es enthält ätherische Öle, Gerbstoffe, Vitamin C, Kumarin-Verbindungen, Rutin, Apfelsäure sowie Bitterstoffe und ist eine natürliche Quelle für die Mineral-

Die Esche ist an ihren typischen Fiederblättern zu erkennen.

stoffverbindungen Kalziumfluorid und Natriumphosphat. Kalziumfluorid verleiht Knochen und Zähnen ihre Härte und Bändern und Sehnen Elastizität. Natriumphosphat reguliert den Säurestoffwechsel.

Sauer riechender Kot bei Kaninchen ist ein Hinweis auf einen übersäuerten Stoffwechsel. Die Kraftfuttergaben sollten in diesem Fall vorübergehend gesenkt und mehr Heu gereicht werden. Die Zugabe von Eschenblättern verhilft zu einer raschen Normalisierung der Stoffwechsellage.
Bei Darmproblemen wirken Eschenblätter ausgleichend: Weicher Kot normalisiert sich, bei Verstopfung wird der Darm sanft angeregt. Zusätzlich werden Darmparasiten (vor allem Würmer) gehemmt. Jungtieren dienen die Blätter zur Stärkung des Verdauungstrakts und als blähungshemmende Zugabe zu Gras. Esche aktiviert den gesamten Stoffwechsel. Sie ist leberstärkend, regt die Nieren an und spült so die Harnwege durch; Giftstoffe und Nierengrieß werden ausgeschwemmt.

Gute Erfolge erzielt man mit dem Verfüttern von Eschenblättern auch bei fettigem Fell mit Schuppenbildung, was ebenfalls oft ein Anzeichen eines übersäuerten Stoffwechsels ist. Bei Hautproblemen aufgrund eines Parasitenbefalls und bei wunden Läufen kann Esche zusätzlich zur erforderlichen lokalen Behandlung verabreicht werden; die Abheilung wird dadurch beschleunigt.
Außer den Blättern ist auch der frische schleimreiche Rindenbast heilkräftig. Er dient als Wundauflage. Die Rinde junger Bäume und Zweige wirkt fiebersenkend, die Früchte (Flügelnüsse), die meist noch den ganzen Winter über büschelweise an den Bäumen hängen, sind blähungsmindernd.

Bei diesen vielen heilsamen Wirkungen lohnt es sich, einen Vorrat an Eschenblättern zur Auflockerung des winterlichen Speisezettels anzulegen. Die Blätter werden dazu vom Frühling bis zum Spätsommer geerntet und luftig getrocknet.

TIPP FÜR ZWEIBEINER

Ein Tipp für wanderfreudige Kaninchenzüchter: Eschenlaub in die Schuhe gelegt, soll müden Füßen vorbeugen!

Fenchel lindert Bauchschmerzen

Foeniculum vulgare (Fenchel)

Die Pflanze mit den feinfiedrigen Blättern und dem Anisgeschmack kennen wir in verschiedenen Formen: einmal als Knollenfenchel, den wir als Gemüse schätzen, weiter als Süßfenchel und als Bitterfenchel, zwei Varietäten, deren Samen als Gewürz oder Tee verwendet werden, und schließlich als Bronzefenchel, der mit seinem dunklen Laub die Gärten ziert.
Sie gehören alle zu derselben Pflanzenart und eignen sich für die Kaninchen-Apotheke, wobei die Samen des Bitterfenchels die stärkste Heilwirkung aufweisen. Hauptwirkstoff sind ätherische Öle, als weitere Inhaltsstoffe finden sich Mineralstoffe, die Vitamine A, B1, B2, B12, C und E, Flavonoide und fettes Öl.

Fenchel ist ein wichtiges und gut verträgliches Verdauungsmittel: Er wärmt, entkrampft, mindert Blähungen und bindet Giftstoffe im Darm. Er fördert die Darmbewegungen, die den Nahrungsbrei vorwärts befördern, und ist somit auch ein wertvoller Helfer bei drohender Verstopfung, die sich ja oft in immer kleiner werdenden Kotbällchen ankündigt. Gleichzeitig verlieren die Kaninchen immer mehr den Appetit, fressen nur noch gewisse Bestandteile aus dem Futter und kommen zur Fütterungszeit ihrem Pfleger nicht mehr freudvoll entgegen.

Die Samen des Fenchels haben die stärkste Heilwirkung.

Kaninchen, die das Futter sonst völlig verweigern, nehmen oftmals noch Fenchelgemüse oder Fenchelsamen zu sich. Bei Tieren, die kein Futter mehr aufnehmen, kann Fenchelsamen-Tee Wunder wirken. Fenchel ist zweifellos ein wichtiger Bestandteil der Notfall-Kaninchen-Apotheke!
Zur Teebereitung wird 1 Teelöffel voll Fenchelsamen im Mörser oder auf einem Brett mit dem Wallholz etwas gequetscht und mit 3 dl kaltem Wasser aufgekocht. Zugedeckt 10 Minuten ziehen lassen und dem Tier noch warm eingeben. In leichteren Fällen gibt man den Tee samt den überbrühten Samen in einen Fressnapf und stellt ihn in den Stall; die Tiere trinken den Tee und fressen einen Teil der Samen dazu.

Eine Prise Fenchelsamen täglich über das Futter gestreut kann Jungtieren über die kritische Absetzphase hinweghelfen. In Kaninchenbeständen, in denen immer wieder Verdauungsprobleme auftreten, reicht man der Mutter nach der Geburt jeden zweiten Tag anstelle von Wasser Fenchel-Tee. Das erhöht die Milchmenge und die ätherischen Öle wirken über die Muttermilch auch auf das Verdauungssystem der Jungtiere. Diese Behandlung kann weitergeführt werden, bis der Nachwuchs das für Enteropathie besonders kritische Alter von vier bis acht Wochen glücklich überstanden hat.
Neben der Wirkung auf die Verdauung hilft Fenchel auch bei Verschleimung der Atemwege: Er regt die Flimmerhärchen an, mit denen die Atemwege ausgekleidet sind und die durch ihre Bewegungen die Atemwege reinigen. Auf diese Weise wird der Schleim schneller ausgeschieden.

Entzündete Augen seiner Schützlinge behandelt der Kaninchenzüchter auf sanfte Weise, indem er einen Tee zubereitet: 1 Esslöffel zerquetschte Samen in 5 dl Wasser aufkochen, 10 Minuten ziehen lassen. Die Hälfte des Tees reicht man dem Tier anstelle von Trinkwasser und mit dem restlichen, sorgfältig filtrierten Tee wäscht man ihm die Augen aus. Diese Behandlung hilft auch Häsinnen mit entzündeten Zitzen, indem man ihnen die Zitzen damit wäscht.

TIPP FÜR ZWEIBEINER

Dem hustengeplagten Kaninchenzüchter hilft Fenchel ebenfalls: 3 Esslöffel gequetschte Samen in 1 Liter Wasser zugedeckt aufkochen. Den Topf vom Herd nehmen und 10 Minuten lang den Dampf tief ein- und ausatmen, dabei ein Tuch über Kopf und Topf legen.

Frauenmantel für Fruchtbarkeit

Alchemilla xanthochlora, früher: *vulgaris* (Gewöhnlicher Frauenmantel)

Sie wirkt geheimnisvoll, die Pflanze mit den becherförmigen Blättern, in denen oftmals Wassertröpfchen glitzern. Der wissenschaftliche Name Alchemilla erinnert daran, dass bereits die Alchemisten ihre Kräfte nutzten, indem sie diesen „Himmels-Tau" für ihre Heilmittel sammelten. Berühmt geworden ist Frauenmantel für seine regulierende Wirkung auf den weiblichen Organismus und für die Stärkung von Eierstöcken und Gebärmutter.

Kaninchenzüchter dürfte vor allem die fruchtbarkeitsfördernde Wirkung interessieren. Kleine Würfe, Totgeburten, Unfruchtbarkeit können verschiedenste Ursachen haben und auch durch Toxine (zum Beispiel Schimmelpilze) hervorgerufen werden.

Frauenmantel wird auch „Himmels-Tau" genannt.

Mangelnder Fruchtbarkeit kann man abhelfen mit Kräutern zur Entgiftung und gezielten Gaben fruchtbarkeitsanregender Heilpflanzen. Man beginnt mit der Kräuterkur etwa drei Wochen vor dem geplanten Decktermin: In der 1. Woche erhält die Häsin täglich Löwenzahn und Ruprechtskraut zusätzlich zum gewohnten Futter. Ab der 2. Woche vor dem Decktermin füttert man täglich einige Blätter Frauenmantel und ein paar Himbeerblätter. Nach dem Decken werden weiterhin regelmäßig Himbeerblätter und Frauenmantelblätter gereicht. Nach der Geburt fährt man noch einige Tage damit fort, da Frauenmantel milchfördernd ist und die Häsin ja hoffentlich einen großen Wurf zu versorgen hat.

Man findet Frauenmantel wild wachsend in halbschattigen Naturwiesen und an Waldrändern. Als Heilmittel sollten keine Gartensorten verwendet werden! Frisch verfüttert ist die Wirkung besser als getrocknet, deshalb siedelt man den Frauenmantel am besten gleich im Garten und in der Heuwiese an. Er ist nicht nur Heilpflanze, sondern auch ein nahrhaftes Futterkraut und verbessert die Heuqualität.

Für den Vorrat bereitet man aus frischen Pflanzen eine Tinktur zu, sodass man jederzeit auf Alchemillas Hilfe zählen kann: Hierfür Frauenmantelkraut und einige gewaschene und klein geschnittene Wurzeln in ein Schraubdeckelglas geben und mit 40- bis 50%igem Alkohol überdecken. Gut verschließen und mindestens vier Wochen lang reifen lassen, dabei regelmäßig schütteln. Danach die Pflanzenteile abseihen und die Tinktur in einer dunklen Flasche aufbewahren.
Dosierung: Täglich 7 Tropfen mit etwas Wasser verdünnen und der Häsin eingeben.

Frauenmantel hilft auch bei Verdauungsproblemen mit Durchfall, stärkt die Muskeln (auch den Herzmuskel!) und ist ein ausgezeichnetes Heilkraut bei Wunden, Quetschungen und inneren Verletzungen.

TIPP FÜR ZWEIBEINER

Frauenmantel gilt übrigens auch als Schönheitsmittel: Ein Tee aus den Blättern verhilft der Kaninchenzüchterin zu einer reinen Haut und soll eine straffende, ja sogar verjüngende Wirkung haben!

Gänsefingerkraut – ein mächtiges Kraut gegen Krämpfe

Potentilla anserina (Gänsefingerkraut)

Das wunderschöne Gänsefingerkraut ist einfach zu erkennen: Seine silbern schimmernden Fiederblätter, die sich bei Regen schützend über die zarten Blüten legen, machen es unverwechselbar. Man findet es verbreitet auf nährstoffreichem Boden an Wegrändern und in sonnigen Wiesen. Schafe fressen es nicht gern. Das kann dem Kaninchenzüchter nur recht sein, denn seine langohrigen Schützlinge wissen das herbe Pflänzchen umso mehr zu schätzen.

Ein hoher Gerbstoffgehalt, Flavonoide, Phenolkarbonsäuren, Kumarin, viel Vitamin C, Fettsäuren und Sterole lassen erahnen, dass das Gänsefingerkraut gesundheitlich einiges zu bieten hat. Es wirkt zuverlässig gegen Durchfall, vor allem wenn er einhergeht mit Müdigkeit und Appetitlosigkeit, und besänftigt die Entzündungen im Magen-Darm-Trakt. Gleichzeitig ist es krampflösend, stillt damit dem leidenden Langohr die Bauchschmerzen und wirkt der Gasbildung im Darm entgegen. Einer seiner volkstümlichen Namen ist daher auch Krampfkraut. Es löst nicht nur

An den silbern schimmernden Blättern ist das Gänsefingerkraut gut zu erkennen.

Krämpfe im Verdauungstrakt, sondern auch Muskelkrämpfe. Pfarrer Kneipp behandelte sogar einen als hoffnungslos aufgegebenen Starrkrampf-Patienten erfolgreich mit Gänsefingerkraut!
Den Namen Potentilla trägt das Pflänzchen zu recht, stammt er doch vom lateinischen Wort „potens“, was „kräftig“ bedeutet.

In Kaninchenbeständen, die immer wieder von der schrecklichen Enteropathie heimgesucht werden, sollte den Jungtieren ab der 4. Lebenswoche regelmäßig Gänsefingerkraut verfüttert werden. Um Nebenwirkungen muss man sich nicht sorgen und auch keinen Apotheker befragen, denn die Kaninchenjungen gedeihen dank der stärkenden Inhaltsstoffe ganz besonders gut.

Im Labor zeigt Gänsefingerkraut eine ausgeprägte Hemmwirkung auf Herpes- und Impfpocken-Viren. Dies macht es zu einer interessanten Pflanze in Zeiten erhöhter Myxomatosegefahr. Treten Fälle in der Nähe auf, sollten die Kaninchenställe unverzüglich mit feinen Gazegittern mückendicht gemacht werden, da diese verlustreiche Seuche durch blutsaugende Insekten übertragen wird. Gänsefingerkraut ersetzt nicht die Impfung, aber die Kaninchen können mit Gänsefingerkraut-Tee zusätzlich gestärkt werden. Hierfür wird 1 Teelöffel Gänsefingerkraut mit 1 dl kochendem Wasser übergossen, 10 Minuten ziehen lassen und anschließend abseihen.

Nach einer Gebärmuttererkrankung kräftigt Gänsefingerkraut dieses wichtige Organ der Häsin und erhöht sogar die Fruchtbarkeit. Um Fruchtbarkeitsproblemen vorzubeugen, verfüttert der vorausschauende Züchter das wertvolle Pflänzchen ein paar Tage lang nach einer schwierigen Geburt oder nach einem Abort.

TIPP FÜR ZWEIBEINER

Auch dem Kaninchenzüchter hilft das Pflänzchen, wenn er etwa nach dem Misten unter Rückenschmerzen leidet: Nach zwei Tassen Gänsefingerkraut-Tee und dem Einreiben von Öl fühlt er sich gleich um Jahre jünger. Das Öl wird auf einfache Weise hergestellt: Gänsefingerkrautblätter in ein Schraubglas füllen und mit Olivenöl übergießen. Nach 14 Tagen abseihen. Die gleiche Kur hilft übrigens auch bei Kopfschmerzen, die von einem verspannten Nacken herrühren.

Giersch für Genuss und Gesundheit

Aegopodium podagraria (Gewöhnlicher Giersch)

Der Baumtropf, Giersch oder Geißfuß gehört zu den Heilpflanzen, deren Kräfte heute weitgehend vergessen sind. Er ist sogar als lästiges Unkraut verschrien. Wer Kaninchen im Stall hat, wird sich nie über ein Überhandnehmen von Giersch beklagen müssen, denn die Langohren lieben das würzige Kraut über alles.

Die Blätter reinigen Magen und Darm, sind entzündungshemmend, wurmtreibend und wirken gegen Verstopfung. Bei Darmstörungen mit wechselweise Durchfall und Verstopfung harmonisiert Giersch die Verdauung. Durch den hohen Kaliumgehalt ist er nierenanregend und schwemmt Harnsäure aus dem Körper. Darauf beruht die Wirkung gegen Gicht, die der Pflanze zu ihrem wissenschaftlichen Namen verholfen hat (Podagra ist die alte Bezeichnung für Gicht).

Bei Kaninchen kann Giersch durch die harnwegspülende Wirkung bei Nierenschwäche oder Blasenleiden hilfreich sein. Interessant ist auch der in alten Kräuterbüchern erwähnte Einsatz bei septischem Fieber, also schweren Infektionen wie Lungenentzündung oder infektiösem Durchfall. In diesen Fällen verfüttert man Kraut

Wer Kaninchen hält, sieht Giersch nicht länger als Unkraut an.

und Wurzel, was die wuchernde Pflanze nicht weiter übel nimmt. Frisst das Tier nicht mehr, bereitet der Kaninchenzüchter einen Tee aus Blättern und Wurzeln zu und gibt dem Patienten mehrmals täglich davon einige Löffel.

Giersch ist durch seinen hohen Gehalt an Mineralien eine gesunde Zusatznahrung: Die Spurenelemente Eisen, Kupfer, Mangan und Bor finden sich darin in namhaften Mengen, dazu auch Vitamin C, Karotin, ätherische Öle, Eiweiße und sekundäre Pflanzenstoffe.

Der mineralstoffreiche Giersch ist eine rundum gesunde Sache und sollte regelmäßig verfüttert werden. Auch in der Küche kann er frisch oder getrocknet als Gewürz und als Suppengrün dienen. Mit seinen Blättern und dem sellerieähnlichen Geruch ist er eigentlich unverwechselbar. Da zur Familie der Doldenblütler jedoch einige recht giftige Vertreter wie z.B. der Schierling gehören, untersucht man im Zweifelsfall den Querschnitt des Blattstiels: Giersch besitzt einen dreieckigen Blattstiel und kann damit eindeutig bestimmt werden.

INFO

Spurenelemente

Spurenelemente sind chemische Stoffe, auf die der Körper angewiesen ist, wenn auch nur in winzigsten Mengen; in höheren Dosierungen sind sie meist giftig. Als Bestandteil vieler Enzyme und Hormone verbessern sie etwa die Fruchtbarkeit, das Immunsystem und den Energiestoffwechsel. Bor stimuliert die Zellteilung und wird benötigt für die Bildung von Geschlechtshormonen. Mangan fördert den Stoffwechsel und die Übertragung von Nervenimpulsen. Manganmangel führt zu vermehrter Zystenbildung, schlechterer Befruchtung der Eizellen und zu vermehrten Fehlgeburten. Es gilt zusammen mit Kupfer als Fruchtbarkeitsförderer. Kupfer reguliert darüber hinaus die Aufnahme von Mineralstoffen und ist an der Wundheilung beteiligt. Eisen und Kupfer sind unerlässlich für den Aufbau der roten Blutkörperchen und ermöglichen damit eine optimale Nährstoff- und Sauerstoffversorgung der Gewebe.

Heidelbeere hat Tiefenwirkung

Vaccinium myrtillus (Heidelbeere)

VORSICHT!

Der bekannte Zwergstrauch mit den blauschwarzen Beeren, daher auch Blaubeere genannt, wächst in Mooren und auf sauren, nährstoffarmen Böden in Laub- und Nadelwäldern. Die Heidelbeere wirft im Herbst zwar ihre Blätter ab, doch finden sich immer wieder einzelne Zweiglein, die noch ein paar Blättchen tragen. So bilden Heidelbeerzweige im Winter ein wertvolles Futter für das Wild und auch für unsere Kaninchen.

Doch die Heidelbeere ist nicht nur eine Futter-, sondern auch eine Heilpflanze. Getrocknete Beeren sind ein bewährtes Mittel gegen Durchfall sowie Magen- und Darmentzündung, vor allem wenn die Verdauungsstörung mit starken Gärungsvorgängen („Gluckern" im Bauch) verbunden ist. Frische Früchte sollten dazu nicht verwendet werden, denn sie sind eher abführend.
Heidelbeerblätter helfen ebenfalls bei Durchfall und chronischer Darmentzündung (Enteritis). Sie lindern außerdem Harnwegsentzündungen und Erkrankungen der Atemwege.

An Inhaltsstoffen findet man in den Blättern Flavonoide, Gerbstoffe, organische Säuren wie Chinasäure und Chlorogensäure und beachtliche Mengen an Mangan und Chrom. Die Früchte enthalten zusätzlich Anthocyane, Fruchtsäuren, Pektin und die Vitamine A und C. In den Früchten liegen die Gerbstoffe in einer speziellen chemischen Verbindung vor und werden nur langsam im Darm freigesetzt und damit aktiv. Getrocknete Beeren wirken aus diesem Grund bis in die tieferen Darmabschnitte, erreichen also Stellen im Verdauungstrakt, die anderen Heilpflanzen unzugänglich bleiben.

Heidelbeerblätter sind ein Volksheilmittel bei Diabetes (Zuckerkrankheit), einer Erkrankung der Bauchspeicheldrüse, die beim Kaninchen zwar nicht häufig, aber wenn, dann oft dramatisch auftritt. Auffällige Anzeichen sind neben großem Durst Abmagerung trotz guten Appetits. Die Tiere scheinen müde, teilweise fast apathisch.

Weil Diabetes die Immunabwehr schwächt, können vermehrt Haut- und Harnwegsinfektionen sowie krampfartige Symptome auftreten: Die Tiere fallen um und schaf-

Die Früchte der Heidelbeere sollten nur getrocknet gegeben werden.

fen es ein paar Minuten lang nicht mehr, auf die Beine zu kommen. In Zuchtbeständen ist Diabetes kaum anzutreffen. Die Krankheit findet man vor allem bei älteren Stubenkaninchen, die mit nicht artgerechten Leckerbissen verwöhnt werden. Viele der „Leckerlis", die im Handel zu finden sind, enthalten Zucker und schaden dadurch bei übertriebener Verabreichung. Höheres Alter, Übergewicht und Bewegungsmangel sind Faktoren, die Diabetes fördern können. Betroffene Tiere sollten dem Tierarzt vorgestellt werden; er kann durch eine einfache Untersuchung den Blutzuckerspiegel feststellen und eine fachgerechte Behandlung einleiten.

Heidelbeerblätter senken den Blutzuckerspiegel und können als Erste Hilfe dienen. Im Notfall kann Tee eingegeben werden, aber nur, wenn das Tier bei Bewusstsein ist und schlucken kann: 1 Esslöffel trockener oder frischer Blätter mit 2 dl kochendem Wasser übergießen und zehn Minuten ziehen lassen.

VORSICHT!

Heidelbeerblätter sollten nicht im Übermaß und vor allem nicht über längere Zeit verabreicht werden, da sie zu Anämie (Blutarmut) führen können. Die getrockneten Beeren sind hingegen nebenwirkungsfrei.

Himbeere – gut für Trächtigkeit und Geburt

Rubus idaeus (Himbeere)

Wie viele unserer Früchte liefernden Pflanzen gehört auch die Himbeere zur Familie der Rosengewächse. Sie wächst in Wäldern und Hecken an sonnigen Stellen mit hoher Bodenfeuchtigkeit. Der Name Himbeere stammt vom althochdeutschen Wort Hintperi, was „Beere der Hirschkuh“ bedeutet und auf den Nutzen für weibliche Tiere hinweist. Es ist bekannt, dass Wildtiere bei Bedarf die passenden Heilkräuter suchen und sich selbst behandeln.

Nebst den kulinarischen Freuden, die uns die Himbeerpflanze mit ihren Früchten bietet, ist auch ihr gesundheitlicher Nutzen groß, denn sie enthält eine Menge interessanter Inhaltsstoffe: Gerbstoffe, organische Säuren, Schleimstoffe, bedeutende Mengen an Vitamin C (in den Blättern größere Mengen als in den Früchten!), Biotin sowie Mineralstoffe. Sie ist als Futterpflanze bei den Kaninchen sehr beliebt und verdient mit ihren Wirkungen einen Platz in unserer Kaninchen-Apotheke: Die Blätter wirken leicht zusammenziehend und helfen bei Magen- und Darmentzündungen. Die Hauptwirkung ist jedoch die Stärkung der Gebärmutter und der Beckenbodenmuskulatur. Die Himbeere gilt als beste Heilpflanze, um eine leichte Geburt zu gewährleisten und soll sogar Fehllagen der Föten vorbeugen – sie ist also ein wertvolles Zusatzfutter während der Trächtigkeit. Nach der Geburt regen Himbeerblätter das Zusammenziehen der Gebärmutter an und helfen, die Blutung rasch zu stoppen. Während der gesamten Trächtigkeit oder aber spätestens ab der 3. Trächtigkeitswoche verfüttert man täglich zwei bis drei Blätter und fährt mit der Kräuterkur bis einige Tage nach der Geburt fort.

Die Blätter der Himbeere beinhalten mehr Vitamin C als die Früchte.

Die normale Trächtigkeitsdauer bei Kaninchen beträgt etwa 31 Tage. Bei sehr kleinen Würfen kann sich die Tragzeit aber bis auf 35 Tage ausdehnen, währenddessen die Föten tüchtig wachsen und sich eine immer beschwerlichere Geburt abzeichnet. Ab dem 32. Tag kann

INFO

Schwergeburt

Ein Erschöpfungszustand kann nach einer Schwergeburt, aber auch nach einem scheinbar unproblematischen Geburtsverlauf auftreten. Kreislaufschwäche, Verletzungen im Geburtskanal und Blutungen sind Gründe für die Schwäche. Das Muttertier sitzt apathisch in einer Ecke, frisst und trinkt wenig oder gar nichts. Nun heißt es rasch handeln.

***Arnika** D30 ist in diesem Fall das homöopathische Mittel der Wahl. Es hilft bei Verletzungen, Schockzuständen, Blutungen und gehört eigentlich in jede Stallapotheke. Man gibt dem Tier ein paar Globuli (Kügelchen) in Wasser aufgelöst direkt ins Maul.*
*Das pflanzliche Gegenstück ist **Beifuß** (Artemisia vulgaris), der auch als „Weiberkraut“ bezeichnet wird. Er treibt etwaige Nachgeburtsreste oder zurückgebliebene Jungtiere aus, ist krampflösend und schmerzlindernd und beugt Gebärmutterentzündungen vor. Als willkommene Nebenwirkung regt er den Appetit und die Verdauung an und veranlasst erschöpfte Kaninchenmütter wieder zu fressen.*
***Melisse** (Melissa officinalis) ist eine weitere Heilpflanze, die Kaninchenmüttern wieder auf die Läufe hilft. Das zitronenartig riechende, sanfte Pflänzchen stärkt ebenfalls den Kreislauf, belebt und erfrischt, beruhigt nervöse Häsinnen und regt den Milchfluss an.*

mit starkem Tee aus Himbeerblättern und ein paar Rosmarinnadeln versucht werden, die Geburt auszulösen. Falls dies nicht gelingt, reicht man der Häsin ein einzelnes Blatt Efeu (*Hedera helix*). Nach einer schweren Geburt mit nur einem überdurchschnittlich großen Jungtier ist es sinnvoll, der Häsin eine einzelne Gabe homöopathisches Arnica D30 zu geben (siehe Kasten „Schwergeburt“).
Die Heilwirkungen der Himbeere gelten natürlich nicht nur für Kaninchen, sondern auch für deren zweibeinige Betreuerinnen. Es gibt also genügend Gründe, Himbeeren im Garten oder neben den Kaninchenställen anzusiedeln.

Während des Sommers können Blätter gepflückt und getrocknet werden als Vorrat für frühe Würfe. Getrocknete Himbeerblätter gibt es in der Drogerie, falls der Platz für Himbeerstauden fehlt. Übers Futter gestreut werden sie gern gefressen. Für Tee überbrüht man 1 Teelöffel Blätter mit 1 dl kochendem Wasser, 10 Minuten ziehen lassen und dann abseihen.

Hirtentäschel stoppt Blutungen

Capsella bursa-pastoris (Gewöhnliches Hirtentäschel)

Das anspruchslose und weit verbreitete Pflänzchen wächst an Wegrändern, auf Schuttplätzen, Äckern und Wiesen, wo es vom Frühling bis in den Spätherbst blüht und fruchtet. Medizinisch verwendet wird der obere Teil der blühenden Pflanze, der Teil mit den „Täschchen“ also.

Hirtentäschel wirkt innerlich und äußerlich stark blutstillend, gefäßdichtend und gefäßverengend. Es gehört zu den Notfallmitteln, die man kennen und zur Hand haben sollte. Kaninchen fressen es sehr gern. Während der Tragzeit darf es allerdings wegen der Gebärmutter zusammenziehenden Wirkung nicht gegeben werden, denn es könnte eine Fehlgeburt auslösen!

Wenn die Häsin nach der Geburt mehr blutet als gewohnt, verfüttert der kräuterkundige Kaninchenzüchter einige Hirtentäschelpflanzen und die Blutung ist in kürzester Zeit gestillt. Bei Blutungen im Magen-Darm-Trakt oder in den Harnwegen hilft es ebenso zuverlässig. Eine Rotfärbung des Urins, wie man dies beim Misten ab und zu beobachtet, ist übrigens meist nicht durch Blut verursacht, sondern kommt durch Abbauprodukte (Porphyrine) nach Grünfütterung zustande und stellt keinen Grund zur Sorge dar. Harnwegsprobleme merkt man eher daran, dass das

Das Hirtentäschel bietet erstaunliche Wirkung in unscheinbarer Verpackung an.

INFO

Fleischfressende Samen

Wer die Heilkräfte der Pflanze kennt, kommt nicht mehr auf den Gedanken, sie als Unkraut zu bezeichnen, und erschrickt auch nicht beim Wissen, dass sie bis zu 60.000 Samen produzieren kann. Die Samen können nämlich zur Mückenbekämpfung eingesetzt werden, indem man sie auf Wasserflächen (Regenfässer) in Stall- und Hausnähe streut, wo sich die stechenden Plagegeister entwickeln. Die Samen sondern im Feuchten einen klebrigen Schleim ab, der Mückenlarven anlockt. Aus dem Schleim können sie sich nicht mehr befreien und Verdauungsenzyme lösen die erbeuteten Tiere auf, sodass um den keimenden Samen eine nährstoffreiche Zone entsteht, die das Wachstum fördert. Bei Hirtentäschel könnte man die Samen somit als fleischfressend bezeichnen, wobei es nicht ganz klar ist, ob es an seinen heutigen Standorten von dieser Fähigkeit profitieren kann.

Tier häufig und lange in seiner Kotecke verweilt, schlecht frisst, abmagert und müde und teilnahmslos scheint. Hirtentäschel wirkt harntreibend und kann bei Harnwegsinfektionen und Blasengrieß, also winzig kleinen Blasensteinchen, erfolgreich eingesetzt werden.

Zur innerlichen Blutstillung verfüttert man eine kleine Handvoll oder bereitet bei Bedarf einen Tee mit der gleichen Menge Frischpflanzen auf 3 dl Wasser. Davon gibt man dem Tier mit einer Spritze immer wieder einige Milliliter ein. Bei stark blutenden Verletzungen wirkt ein Umschlag mit Hirtentäschel-Tee oder eine Auflage mit Hirtentäschelbrei Wunder und stoppt die Blutung in verblüffend kurzer Zeit.

Die Wirkstoffe, die in dem unscheinbaren Pflänzchen stecken, sind erstaunlich: Acetylcholin, Cholin, Diosmin und Tyramin, entzündungshemmende Flavonoide sowie zusammenziehende Gerbstoffe. Die schnelle Blutstillung kann auf keine einzelne Substanz zurückgeführt werden, sondern kommt durch die Kombination der Wirkstoffe zustande.

Kaninchen fressen Hirtentäschel gern.

Hopfen – weit mehr als nur Bierwürze

Humulus lupulus (Gewöhnlicher Hopfen)

Hopfen verleiht dem Bier die bittere Würze und macht es dank seiner bakterienhemmenden Wirkung haltbar. Das ist die bekannte Seite des Hopfens. Weniger bekannt sind seine medizinischen Eigenschaften.

Die Schlingpflanze aus der Familie der Hanfgewächse begleitet den Menschen seit der Steinzeit, wie Funde in Siedlungsresten zeigen. Damals diente Hopfen wohl vor allem als Gemüse, denn die zarten Frühlingssprossen können wie Spargel genossen werden.

Die rauen Blätter und Stängel sind auch für unsere Langohren ein gefundenes Fressen – gesund und stärkend. Hopfenblätter regen Leber und Galle an, fördern die Verdauung und mehren die Milch. Aus diesem Grund wurden in früheren Zeiten getrocknete Blätter und Ranken dem Heu zugemischt und an Kühe und Ziegen verfüttert. Auch Kaninchenmütter fressen die milchanregenden Blätter gern. Ein bis zwei Blätter täglich reichen aus.

Die Blätter des Hopfens eignen sich für Kaninchen besser als die Zapfen.

Hopfen ist ein stärkendes Bittermittel, appetitanregend und verdauungsfördernd. Die Blätter und Triebe verbessern die Nährstoffaufnahme und können bereits Jungtieren gereicht werden.

Hopfen hemmt Bakterien und Pilze, ist schmerzstillend und beruhigend. Dies macht ihn zu einem Mittel der Wahl bei Verletzungen und Verdauungsstörungen mit starken Schmerzen, die Kaninchen mit Zähneknirschen anzeigen. Aus diesem Grund sollte Hopfen in Beständen eingesetzt werden, wenn immer wieder Enteropathie auftritt. Die wertvolle Heilpflanze hilft hier bei Appetitlosigkeit und Kräftezerfall, wirkt antibiotisch und beruhigt den Verdauungstrakt.

Wurde bis ins Mittelalter die ganze Pflanze medizinisch genutzt, stehen heute die Früchte im Zentrum des Interesses. Die Hopfenzapfen werden im September geerntet. Unter den papierartigen Schuppen, die eigentlich Tragblätter der weiblichen Blüten sind, befinden sich gelbe Drüsen, die Harz mit Hopfenbittersäuren, ätherische Öle, Gerbstoffe, Bitterstoffe, Flavonoide und hormonartige Stoffe enthalten. Die Zapfen wirken beruhigend und schlaffördernd. Sie können den Langohren ebenfalls verfüttert werden, sind aber etwas weniger beliebt als die Blätter.

Hopfenzapfen sind für Rammler ein Anaphrodisiakum, das heißt, sie dämpfen durch hormonähnliche Substanzen den Geschlechtstrieb. Auf Häsinnen haben sie jedoch keinen triebvermindernden Einfluss. Hopfen ist stimmungsaufhellend und soll Herz-Kreislaufkrankheiten vorbeugen; das macht ihn zu einem guten Beifutter für ältere Langohren. Aktuelle Studien zeigen außerdem eine beachtliche Wirkung gegen verschiedene Krebszellen. Das lässt das alte Würzkraut für Bier in einem ganz neuen Licht erscheinen.

TIPP FÜR ZWEIBEINER

Hopfenöl mit faltenmindernder Wirkung macht die schönheitsbewusste Kaninchenzüchterin selbst: Hopfenblüten in 1 dl Olivenöl einlegen, 2 Tage ziehen lassen, Blüten herausnehmen und durch frische ersetzen. Dies macht man einige Male bis das Öl mit Hopfenwirkstoffen gesättigt ist. Getrocknete Hopfenzapfen können als Schlaftee oder in ein kleines Kissen eingenäht als Schlafkissen verwendet werden.

INFO

Mehr Gelassenheit für allzu temperamentvolle Langohren

Wer kennt nicht den Rammler, der seinen Stall ausgiebig mit Urin parfümiert? Das Verhalten ist zwar natürlich, aber störend. Das weibliche Pendant ist die Häsin, die hormongesteuert zur Zicke wird. Auch sie verhält sich zwar ihrem naturgegebenen Repertoire entsprechend, ist aber vom Prädikat „nett und pflegeleicht" weit entfernt: Wenn sie ihren Rappel hat, fährt sie knurrend auf die fütternde Hand los. Sie würde man wohl ohne Gewissensbisse der Küche zuführen, aber vielleicht ist sie ja ein wichtiges Zuchttier. Was ist zu tun, um das Zusammenleben zu erleichtern?

Kaninchen sind von Natur aus fortpflanzungsfreudig, was sich ja auch in Redewendungen widerspiegelt. Da sich Haustiere jedoch in dem menschlichen Umfeld einpassen müssen, kann man den Kaninchenbedürfnissen nicht einfach freien Lauf lassen; eine Flut von Jungtieren wäre die Folge. So müssen Wege gefunden werden, die das Zusammenleben mit den Langohren so harmonisch wie möglich machen.

Eine Kastration ist die drastischste Möglichkeit zur Triebunterdrückung. Für Züchter kommt sie aus naheliegenden Gründen nicht infrage. Ungewünschtes Verhalten lässt sich auf natürliche Art beeinflussen. So gibt es Pflanzen, die allzu triebgesteuerte Tiere etwas beruhigen, mit dem Vorteil, dass die Zuchtfähigkeit erhalten bleibt.

Mönchspfeffer (Vitex agnus-castus) *stammt aus dem Mittelmeerraum, wächst aber auch bei uns im Garten, wenn man ihm einen geschützten sonnigen Platz bietet. Mit seiner stattlichen Größe, den hanfartigen Blättern und den duftenden blauen Blüten ist er eine Zierde für den Garten und eine ausgezeichnete Bienenweide. Die scharf schmeckenden Früchte wurden früher als Pfefferersatz verwendet.*
Ihren Namen erhielt die Pflanze, weil Blätter und Früchte Mönchen das zölibatäre Leben in Klöstern erleichterten. Heute wird Mönchspfeffer vorwiegend bei Frauen mit Zyklusstörungen eingesetzt. Mit der Tinktur, wie man sie in der Drogerie erhält, kann man urinspritzende Rammler zu etwas zivilisierterem Verhalten bringen. Es dauert ein paar Tage, bis die Wirkung eintritt, sie hält aber erstaunlich lange an nach Absetzen der Tinktur.

INFO

Als Dosierung haben sich 10 Tropfen auf die Menge Wasser bewährt, die der Rammler pro Tag trinkt. Sobald der Rammler ruhiger geworden ist, gibt man die Tinktur nur noch alle zwei bis drei Tage, später noch einmal in der Woche, bis man die Behandlung nach etwa vier Wochen abschließt. Mönchspfeffer ist für beide Geschlechter verwendbar, sollte aber nicht trächtigen Zibben verabreicht werden.

Der Mönchspfeffer stammt zwar aus dem Mittelmeerraum, gedeiht aber auch auf sonnigen Plätzen im Garten.

Baldrian (Valeriana officinalis) *ist eine einheimische Pflanze, die in feuchten Wiesen, Gräben und Wäldern wächst. Mit bis zu zwei Metern Höhe, den schön gefiederten Blättern und den blassrosa Blüten ist sie eine auffallende Erscheinung. Der Geruch ist charakteristisch und polarisiert: Katzen lieben ihn, manche Menschen finden ihn einfach nur widerlich.*
Kaninchen fressen Blätter, Stängel und Blüten problemlos; die Wurzel, die traditionellerweise verwendet wird, lassen sie meist liegen. Das ist aber kein Problem, denn die Wirkung der oberirdischen Teile ist zwar schwächer, aber ausreichend. Baldrian beruhigt und gleicht aus, dämpft übermäßigen Geschlechtstrieb. Man füttert zwei- bis dreimal wöchentlich ein kleines Stück Baldrianstängel mit Blättern und Blüten. Die Pflanze ist für beide Geschlechter geeignet, jedoch nicht für eine Dauertherapie. Man führt bei Bedarf eine zwei- bis dreiwöchige Kur durch. Die Wirkung hält über längere Zeit an.

INFO

Blüten, Blätter und Stängel vom Baldrian werden von Kaninchen gern genommen.

Zibben mit ruppigem Benehmen verhilft ***Frauenmantel*** *(*Alchemilla vulgaris*) zu mehr Sanftheit. Er erhöht zwar die Fruchtbarkeit und stärkt die weiblichen Geschlechtsorgane, gleichzeitig wirkt er aber harmonisierend auf den weiblichen Organismus.*

Nicht immer gehen schlechte Manieren auf sexuelle Überreiztheit zurück. Es gibt Tiere, die nach schlechten Erfahrungen misstrauisch und aggressiv werden. Mit viel Geduld kann man solchen Tieren das Vertrauen wieder zurückgeben. Hilfreich ist dabei ***Storchschnabel*** *(*Geranium robertianum*). Es gibt verunsicherten Tieren wieder Boden unter den Läufen und hilft ihnen, die schlechten Erfahrungen zu bewältigen.*

Melisse *(*Melissa officinalis*) wirkt beruhigend und ausgleichend, gibt ängstlichen Tieren mehr Gelassenheit. Sie kann auch gut mit den anderen Pflanzen kombiniert werden.*

Johanniskraut für kleine Wunder

Hypericum perforatum (Gewöhnliches Tüpfel-Johanniskraut)

Um den Johannistag am 24. Juni herum beginnt das Johanniskraut zu blühen. Es gehört zu unseren geheimnisvollsten und stärksten Heilpflanzen, umrankt von vielerlei Sagen. Die „Löchlein“ in den Blättern, die zum lateinischen Namen „perforatum“ verhalfen, sind Öldrüsen. Der Sage nach wurde das Johanniskraut jedoch vom Teufel persönlich zerstochen in grenzenloser Wut über die großen Heilkräfte.

Zerreibt man die goldgelben Blüten zwischen den Fingern, tritt purpurroter Saft aus. Die Farbe stammt von Hypericin, das gleichzeitig auch Hauptwirkstoff ist. Weitere Inhaltsstoffe sind ätherische Öle, Phytosterin, Flavonglykoside, Gerbstoffe, Harz und antibiotisch wirksame Bitterstoffe.
Hypericin erhöht den Sauerstofftransport in die Zellen und aktiviert den Zellstoffwechsel. Die Substanz wirkt allerdings auch phototoxisch, das heißt, nach Aufnahme größerer Mengen Johanniskraut kann es unter dem Einfluss der Sonneneinstrahlung zu Hautentzündungen kommen. Besonders empfindlich reagieren Albinos. Eine länger dauernde innerliche Anwendung von Johanniskraut sollte deshalb nicht in einem Freigehege durchgeführt werden.

Das Johanniskraut gehört zu den Pflanzen mit der stärksten Heilwirkung.

Allgemein bekannt ist das Johannisöl, das auf einfache Weise aus dem blühenden Kraut hergestellt werden kann. Seine entzündungshemmenden und antibakteriellen Eigenschaften helfen bei Wunden und Verbrennungen. So eignet es sich bestens für Verletzungen, die nicht heilen wollen, wie beispielsweise wunde Läufe oder Abszesse. Zur Behandlung spült man zuerst möglichst viel Eiter aus der Wunde und füllt sie dann großzügig mit Johannisöl. Dieses Vorgehen wiederholt man alle paar Tage, bis die Wunde verheilt ist.
Schüttelt das Kaninchen öfter den Kopf oder hält es ihn schräg, empfiehlt sich ein Kontrollblick in die Tiefe der Ohren. Krusten zeigen an, dass Ohrmilben am Werk sind. In dem Fall sollte man in beide Ohren etwa 3 bis 5 ml körperwarmes Johannisöl gießen und durch leichte Massage am Ohransatz gut verteilen. Die Milben ersticken im Öl und die Wirkstoffe von Johanniskraut lassen Entzündung und Juckreiz schnell abklingen. Sicherheitshalber wiederholt man die Prozedur noch zweimal im Abstand von drei Tagen.

Johanniskraut ist ein exzellentes Heilmittel für verletzte Nerven, was ihm auch die Bezeichnung „Arnika der Nerven“ eingetragen hat. So hilft es bei Gehirnerschütterungen, Wirbelsäulenverletzungen und Quetschungen. Wirbelsäulenverletzungen treten bei Kaninchen nicht selten auf, wenn sie erschreckt im Auslaufgehege oder im Stall herumrasen. Das betroffene Tier fällt auf, weil es die Hinterläufe nicht bewegen kann. Ist die Wirbelsäule gebrochen, muss das Tier eingeschläfert werden.

Johannisöl lässt sich ganz leicht selbst herstellen.

INFO

Johannisöl selbst machen

Die blühenden oberen Teile der Pflanzen werden an einem sonnigen Tag gesammelt, klein geschnitten, in ein Glas gegeben und mit so viel Olivenöl übergossen, dass die Pflanzenteile bedeckt sind. Das Glas wird einige Wochen an die Sonne gestellt, das Öl färbt sich in dieser Zeit rot. Dann durch ein Tuch in eine saubere Flasche filtrieren, dabei darauf achten, dass der wässrige Bodensatz nicht mitkommt (Gefahr von Schimmelbildung). Das Öl ist problemlos ein Jahr haltbar bis zur nächsten Ernte.

Bei einer bloßen Quetschung der Wirbelsäule bringt die Behandlung mit Johanniskraut das Tier schneller wieder auf die Beine.
Am bekanntesten ist wohl die stimmungsaufhellende Wirkung von Johanniskraut. Auch zu diesem Zweck kann man die Pflanze, die Paracelsus als Universalheilmittel betrachtete, bei Kaninchen einsetzen: Beim Absetzen lindert es das Heimweh nach der Familie. Dabei kombiniert man es am besten mit Melisse. Bei Häsinnen, die ihren Wurf verloren haben oder bei Gruppenhaltungstieren, die ihren Partner verloren haben, hilft es dabei, den Verlust zu verarbeiten.

Johanniskraut ist auch eine wichtige Zusatzbehandlung bei zwei gefährlichen Krankheiten:
Bei der Ansteckenden Darmlähmung (Rabbit Epizootic Enteropathie) hemmt Johanniskraut Clostridien, das sind jene Bakterien, deren Toxin (Giftstoff) die tödliche Darmlähmung auslöst. Vorbeugend verfüttert man den Jungtieren einmal wöchentlich Johanniskraut. Da die Pflanze erst im Juni blüht, reicht man frühen Würfen getrocknetes Kraut (auch in Drogerien erhältlich) oder gibt einige Tropfen Johannisöl aufs Kraftfutter. Bereits erkrankten Kaninchen gibt man täglich Johanniskraut-Tee ein oder ebenfalls einige Tropfen Johannisöl. Johanniskraut hemmt dabei nicht nur Clostridien, sondern lindert auch die auftretenden Bauchschmerzen und wirkt gegen Durchfall und Darmentzündung.
Die Infektionskrankheit Schiefhals (Torticollis) wird von einem einzelligen Parasiten mit dem zungenbrecherischen Namen *Encephalitozoon cuniculi* ausgelöst. Der Parasit lebt im Innern der Körperzellen, wobei er vor allem das Gehirn und die Nieren befällt. Die Übertragung geschieht über Urin, bei infizierten tragenden Häsinnen auch via Plazenta auf die Föten. Eine Langzeitbehandlung über fünf bis sechs Wochen mit dem Wurmmittel Fenbendazol beseitigt die Parasiten. Täglich ein wenig Johanniskraut oder 5 Tropfen Öl helfen, die geschädigten Nerven zu regenerieren.

Karde – stachelige Pflanze für spitzenmäßige Gesundheit

Dipsacus fullonum, früher: *sylvestris* (Wilde Karde)

Sie ist eine eindrückliche Erscheinung, aufrecht, stark und unerschütterlich, die Wilde Karde, die sich auf lehmigen Böden an sonnigen Wegrändern und auf Schuttplätzen wohlfühlt. Als zweijährige Pflanze bildet sie im ersten Jahr eine Rosette. Im zweiten Jahr wächst sie in die Höhe – wird dabei gut zwei Meter groß – und beginnt zu blühen. Alles an ihr ist stachelig: Stängel, Blätter und sogar die Blütenköpfe mit den kleinen lila Blüten. Die Kaninchen fressen kleine Mengen der bitteren Pflanzenteile trotzdem gern, unbeeindruckt vom wehrhaften Äußeren.

Die Karde ist eine der altüberlieferten Heilpflanzen. In mittelalterlichen Kräuterbüchern wird sie vor allem als Mittel gegen Fisteln, Schrunden und Warzen empfohlen; jedoch findet man auch den Rat, sie nach Bissen tollwütiger Tiere einzusetzen. Offenbar ahnten die Menschen bereits ihre immunstimulierende Wirkung, die sie heute zu einer bekannten Heilpflanze macht. Der Pflanzenforscher Wolf-Dieter Storl entdeckte sie nämlich als hoffnungsvolles Mittel gegen Borreliose, jene schwere Erkrankung nach Zeckenbissen, die trotz massivsten Antibiotika-Gaben nicht immer in den Griff zu bekommen ist.

Kaninchensyphilis wird von schraubenförmigen Bakterien (Spirochäten) verursacht. Diese sind eng verwandt mit den Borreliose-Erregern, sodass Karde auch bei Kaninchensyphilis eine gute Ergänzung zur schulmedizinischen Antibiotika-Behandlung darstellt.

Die Inhaltsstoffe sind interessant: Saponine, Bitterstoffe, organische Säuren und ein noch wenig erforschtes Glykosid namens Scabiosid.

Die Karde stärkt den Darmtrakt und verleiht den Langohren einen gesegneten Appetit mit guter Verdauung. Gleichzeitig reinigt sie den Organismus von Unerwünschtem, indem sie die Funktion der wichtigen Entgiftungsorgane Leber und Niere anregt. Bei allen Infektionskrankheiten, selbst in scheinbar hoffnungslosen Fällen, kann Karde eingesetzt werden; sie hilft dem Immunsystem auf die Sprünge. Musste mit Antibiotika behandelt werden, kurbelt die stachlige Helferin deren Ausscheidung nach der Behandlung an und hilft, die Darmflora wieder ins Gleichgewicht zu bringen. Bei Hautkrankheiten unterstützt sie die Abheilung und verhindert Rückfälle.

In der traditionell chinesischen Medizin gehört die Karde zum überlieferten Heilkräuterschatz: Sie stärkt die Nierenessenz. Das ist die Energie, die alle Lebewesen bei der Geburt mitbekommen und im Laufe des Lebens langsam aufbrauchen. Die Nierenessenz bestimmt die Vitalität eines Lebewesens, sein Wachstum, seine Fruchtbarkeit. Je stärker die Nierenessenz, desto besser wird der Organismus mit Krankheitserregern fertig. Das lässt erahnen, welche Kostbarkeit die Karde ist.

Am besten gibt man ihr ein sonniges Plätzchen im Garten, wo sie uns mit ihrer aparten Schönheit und ihrer Heilkraft erfreut. Die Samenstände lässt man im Winter stehen, denn sie bieten den Vögeln willkommene Nahrung.

Um eine Tinktur herzustellen, gräbt man die Wurzeln der jungen Pflanzen im Herbst oder Frühling aus. Gut gewaschen und klein geschnitten schichtet man sie in ein verschließbares Glas, übergießt sie mit Wodka und lässt das ganze drei Wochen ziehen. Anschließend abseihen und bei Bedarf den Langohren ein- bis zweimal täglich 2 Tropfen eingeben.

Der Wilden Karde sollte man im Garten ein Plätzchen zur Verfügung stellen.

Klettenlabkraut – raues Kraut für feines Fell

Galium aparine (Klettenlabkraut)

Durchstreift man feuchte Waldsäume und Brachplätze, kann es passieren, dass man sich von unsichtbarer Hand zurückgehalten fühlt. Unsichtbar ist es nicht, aber ziemlich unscheinbar, das Klettenlabkraut, das sich mit seinen Borsten in die Kleider hakt und so auf sich aufmerksam macht. Man sollte ihm die Aufmerksamkeit schenken, denn das Klebkraut gehört zu den Heilpflanzen, die zu Unrecht in Vergessenheit geraten sind.

Es wurde bereits in der Steinzeit verwendet, wie Funde in Siedlungsüberresten zeigen. Im alten Rom und Griechenland galt es als probates Mittel gegen Spinnen- und Schlangenbisse – eine Anwendung, die wir bei unseren Langohren wohl kaum brauchen. Aber Klettenlabkraut hat auch für die Kaninchen-Apotheke einiges zu bieten: Es ist blutreinigend, stimuliert das Lymphsystem und regt das Ausscheiden von Giftstoffen an. Neigt ein Kaninchen zu Bildung von Harngrieß, hilft eine Kur mit täglich etwas Klebkraut. Dadurch werden die Harnwege durchgespült, Nieren- und Blasengrieß ausgeschieden und Entzündungen in Niere und Blase gelindert.

Klebkraut enthält viele Mineralien, vor allem große Mengen an Kieselsäure, die den Langohren zu einer gesunden Haut und einem schönen Fell verhelfen. Verfüttert man es regelmäßig während der Haarung, ist dies eine optimale Vorbereitung auf die Ausstellungssaison. Bei Fellmilben wird es als unterstützende Behandlung gegeben, ebenso bei allen Hautproblemen. Offene Läufe, Abszesse und Zahnfachentzündungen sind weitere Krankheiten, bei denen das Klebkraut seine Heilkräfte entfalten kann. Zu seinen Stärken gehört die Linderung von Verletzungen, Entzündungen, Geschwüren und Eiterungen im Mundraum.

Außer Mineralien findet man Gerbstoffe, ätherische Öle, wenig Saponin und verschiedene Glykoside. Trächtigen Häsinnen kann man es kurz vor der Geburt als geburtserleichterndes Mittel reichen. Nach Krankheiten hilft das stärkende und reinigende Kraut den Langohren schneller wieder auf die Läufe. Die besänftigende Wirkung auf entzündete Magen- und Darmschleimhäute machen es zu einer idealen Nahrungsergänzung in Beständen mit wiederkehrenden Verdauungsproblemen. In alten Schriften wird Klettenlabkraut zur Behandlung von Geschwüren und Tumoren empfohlen. Aus diesem Grund ist Klebkraut gerade auch für ältere Kaninchen ein empfehlenswertes Zusatzfutter.

Klettenlabkraut sollte man frisch geben, seine Heilkräfte sind so am größten. Die meisten Tiere fressen das Pflänzchen trotz seines kratzigen Äußeren gern. Im Krankheitsfall wird es auch von Kaninchen gefressen, die in gesunden Tagen einen Bogen darum gemacht haben. Kaninchen haben ein gutes Gespür für Heilpflanzen und merken, welches Kraut ihnen hilft.

Das unscheinbare Klettenlabkraut ist eine kraftvolle Heilpflanze.

INFO

Gesunder Knabberspaß in der vegetationsarmen Jahreszeit

Wenn der Winter Einzug hält, draußen alles gefroren oder unter einer Schneedecke verschwunden ist, wird der Speiseplan der Langohren naturgemäß etwas eintönig. Eine gesunde Abwechslung bieten da Zweige, die durch den Winterschnitt der Obstbäume oder einen Spaziergang im Wald leicht zu beschaffen sind. Die Auswahl ist ebenso groß wie das Spektrum der Heilwirkungen. Bitte

Dünne Zweige sind gesund und sorgen für Beschäftigung.

aber nur Zweige von Bäumen und Sträuchern verfüttern, die man sicher kennt, und niemals Zweige von gespritzten Obstbäumen reichen! Rinde und Knospen werden von den Kaninchen gern abgeknabbert und bringen außer Beschäftigung eine geballte Ladung gesunder Inhaltsstoffe. Baumrinden sind reich an Gerbstoffen, Bitterstoffen, Wachsen, Harzen und Farbstoffen; die Knospen enthalten Stärke, Fette, Speichereiweiß, ätherische Öle, Vitamine und spezielle Wirkstoffe, die ausschließlich in den Knospen zu finden sind. Am wertvollsten als Beifutter sind dünnere Zweige mit vielen Knospen. Jede Baumart hat ihre charakteristischen Wirkungen auf den Organismus.

INFO

Ahorn *ist fiebersenkend, leitet Harnsäure aus und wirkt gegen Viren.*

Esche *steigert die Harnausscheidung, stärkt die Immunabwehr, wirkt fiebersenkend und hilft bei Verstopfung.*

Birke *regt Nieren und Blase an, spült die Harnwege durch und schwemmt Nierengrieß aus. Darüber hinaus hat Birke eine nervenstärkende Wirkung.*

Rotbuche *ist sehr reich an Mineralien und steigert die Harnausscheidung.*

Weißbuche *lindert Entzündungen der Luftwege.*

Weide *ist entzündungshemmend und schmerzlindernd. In der Volksheilkunde wurde Weidenrinde als (höchst unsichere!) Empfängnisverhütung angewendet. Falls in einem Kaninchenbestand Probleme mit der Fruchtbarkeit bestehen, weicht man während der Zuchtperiode auf andere Baumarten aus.*

Weinrebe *stärkt die Wände der Blutgefäße.*

Edelkastanie *hilft bei Halsentzündung und Husten.*

Haselstrauch *ist fiebersenkend und stärkt die Atemwege.*

Apfelbaum *ist wohltuend für den Verdauungstrakt. Die Wurzelrinde wurde früher als Malariamittel verwendet und könnte möglicherweise auch eine hemmende Wirkung auf Kokzidien haben.*

Quitte *beruhigt den Magen-Darm-Trakt.*

Kirsche *wirkt gegen Durchfall und lindert Blasenreizungen.*

Walnuss *ist hilfreich bei Magen-Darm-Katarrh und bei Neigung zu Hautproblemen.*

Erle *beruhigt gereizte Schleimhäute und ist schmerzlindernd.*

Linde *stärkt die Nerven, ist harntreibend, hilft bei Koliken und Krämpfen.*

Eiche *stoppt Durchfall, kräftigt den Darm und tötet Krankheitserreger ab.*

Ulmenrinde *ist ein hervorragendes Heilmittel zur Behandlung von Verdauungsbeschwerden und Durchfall. Durch eine Pilzkrankheit sind Ulmen vielerorts selten geworden und sollten geschont werden. Bei Bedarf kann Rindenpulver der amerikanischen Rotulme in Drogerien gekauft werden.*

Lavendel harmonisiert und stärkt

Lavandula angustifolia (Lavendel)

Mit Lavendel verbinden wir Sonne und Sommer, Blütenduft und laue Abende. Im Kaninchengarten ist Lavendel ganzjährig aktuell, denn er gehört zu den wenigen immergrünen Kräutern, die uns sogar im Winter frisch zur Verfügung stehen. Wie immer gilt aber auch hier, dass keine gefrorenen Pflanzen verfüttert werden; man lässt die benötigte Menge im Haus auftauen.

Seinem breiten Wirkungsspektrum hat Lavendel den Ruf einer „Universalheilpflanze“ zu verdanken. Er hilft bei Beschwerden des Magen-Darm-Trakts, regt die Galleabsonderung und damit die Verdauung an, vermindert Blähungen und ist so in kleinen Mengen ein gutes Beifutter für unsere Kaninchen.
Lavendel hat darüber hinaus eine ausgeprägte Wirkung auf das vegetative Nervensystem, das im Körper Drüsen und innere Organe steuert. Es kann willentlich nicht beeinflusst werden, sondern reagiert auf äußere Reize und passt den Stoffwechsel diesen Erfordernissen an.
In Ruhe herrscht der Parasympathikus genannte Teil des vegetativen Nervensystems vor, der den Körper auf Nahrungsaufnahme, Verdauung und Entspannung einstellt. In Stresssituationen übernimmt sein Gegenspieler, Sympathikus genannt, die Steuerung des Stoffwechsels: Das Herz klopft schneller, der Blutdruck steigt, die Atemwege werden geweitet und die Verdauungstätigkeit gestoppt. Ein nervöses Tier leidet aus diesem Grund öfter unter Verdauungsproblemen als ein Tier mit guten Nerven.

Lavendel vermag das vegetative Nervensystem zu harmonisieren. Er beruhigt nicht nur nervöse Tiere, sondern eignet sich gleichzeitig zur Stärkung von erschöpften älteren Tieren und stark beanspruchten Rammlern in der Zuchtsaison. Lavendel wirkt auf die Gebärmutter und verhilft überfälligen Häsinnen zu einer baldigen Geburt. Daraus wird klar, dass Lavendel nicht während der Tragzeit verfüttert werden darf, sondern erst nach dem errechneten Geburtstermin.

Äußerlich angewendet ist Lavendel ein ausgezeichnetes Wundheilmittel, fördert die Vernarbung und desinfiziert Wunden. Verletzungen, Hautentzündungen, Ekzeme, Geschwüre, wunde Läufe, auch Brandwunden und sogar mit Hautpilz befallene Stellen können mit Lavendelabsud betupft werden. Hierfür 2 Teelöffel voll

Blüten oder Kraut mit 3 dl kochendem Wasser übergießen, zugedeckt 10 Minuten ziehen lassen und nach dem Abkühlen verwenden. Täglich wiederholen bis zur Abheilung.

Lavendel wirkt insektenabwehrend, wäre also eine gute Alternative zu den schmückenden Geranien an den Kaninchenställen. Ätherisches Lavendelöl kann übergewichtigen Kaninchen im Sommer etwas Schutz vor Fliegenmadenbefall geben. Dazu tropft man sich ein oder zwei Tropfen Lavendelöl auf die Hände und reibt das Tier leicht damit ein. Trotzdem sollte das Tier mit angepasster Ernährung und mehr Bewegung abspecken, denn vitale Kaninchen werden kaum von den gefährlichen, grün schillernden Schmeißfliegen angeflogen. Tiere mit offenen Wunden und Durchfall sind hingegen gefährdet und müssen entsprechend gepflegt und überwacht werden.

Lavendelblütensäckchen schützen auch Angorawolle oder gegerbte Kaninchenfelle vor ungebetenen Gästen aus dem Insektenreich. Aus demselben Grund pflanzt der pfiffige Gärtner Lavendel zwischen seine Rosen und schützt sie so vor Blattläusen.

Lavendel zieht die nützlichen Bienen an, hält aber viele schädliche Insekten fern.

Löwenzahn – Frühlingsputz für den Organismus

Taraxacum officinale (Wiesen-Löwenzahn)

Löwenzahn, Kuhblume oder etwas drastisch Pisse-en-lit sind nur ein paar der zahlreichen Namen für diese wertvolle Pflanze. Die sonnengelben Blüten erfreuen uns nach der trüben Winterzeit und auf die Insekten warten reichlich Nektar und Pollen – und dies, obschon der Löwenzahn zur Bestäubung seiner Blüten nicht auf Insekten angewiesen ist. Jedes Kind kennt ihn und liebt das Spiel mit dem dekorativen Samenstand beim Lichtchen ausblasen.

Kaninchen fressen Löwenzahn fürs Leben gern und stärken damit ihre Gesundheit. Bitterstoffe, Gerbstoffe, Inulin, Harz, Xanthophylle, ätherische Öle, viele Vitamine (vor allem A und C) und Mineralstoffe sind in Blättern und Wurzeln zu finden.
Im Frühling gehört Löwenzahn zum ersten verfügbaren Grünfutter. Er wird von Jungtieren gut vertragen, säugenden Häsinnen hilft er, die Milchdrüsen gesund zu erhalten, und mehrt die Milch. Zudem erhöht er den Appetit, regt die Verdauungssäfte an und gehört damit zu den Kräutern, die man auch kranken Kaninchen in kleinen Mengen geben darf (nicht bei Durchfall). Seine wohl ausgewogenen Wirkstoffe beleben den Körper. Er ist ein Tonikum und wird oft auch als einheimischer Ginseng bezeichnet.

Löwenzahn wird auch von Jungtieren gut vertragen.

Obwohl Löwenzahn viele Insekten anlockt, ist er auf deren Bestäubung gar nicht angewiesen.

Löwenzahn wirkt auf den gesamten Stoffwechsel, aktiviert Leber und Galle, Magen, Bauchspeicheldrüse und Nieren. Seine Hauptwirkung zielt auf die Leber, dieses zentrale Stoffwechselorgan, das die aufgenommene körperfremde Nahrung in körpereigene Substanz umwandelt. Die Leber versorgt auf diese Weise den Körper mit den notwendigen Eiweißen, Kohlenhydraten und Fetten. In der Leber wird außerdem Energie gespeichert, die bei Bedarf sofort freigesetzt werden kann. Und nicht zuletzt ist die Entgiftung des Körpers eine weitere wichtige Funktion dieses Organs: Nutzlose und schädliche Stoffe werden über den Kot oder die Harnwege ausgeschieden. Löwenzahn ist mit seiner leberanregenden und harntreibenden Wirkung die ideale Entgiftungspflanze: Er beschleunigt die Entgiftung und sorgt gleichzeitig für die Ausschwemmung der Schlacken. Ein regelrechter Frühlingsputz für den Körper bei Mensch und Tier!

Durch die blutreinigende Wirkung ist Löwenzahn bei wunden Läufen, Abszessen oder Hautproblemen als zusätzliche Maßnahme zu empfehlen: Man behandelt lokal und verabreicht zusätzlich Löwenzahn, um den Stoffwechsel umzustimmen, sodass mit weniger Rückfällen gerechnet werden muss.

INFO

Richtiges Sammeln

Löwenzahn gedeiht fast überall, aus diesem Grund sollte er nicht ohne kritische Betrachtung des Standortes gesammelt werden. Man sollte keine Kräuter an Straßenrändern sammeln oder in Industriegebieten. Die Pfahlwurzel vermag Nährstoffe aus der Tiefe herauszuholen, dasselbe macht sie aber auch mit Schadstoffen aus Deponien! Pflanzen, die an viel begangenen Hundespazierwegen gepflückt werden, bergen die Gefahr von Hundebandwurmeiern! Beim Sammeln pflückt man am besten nur die äußeren Blätter der Rosette ab, so kann man von der gleichen Pflanze in kurzen Abständen immer wieder ernten.

Mädesüß – Blütenwölkchen für blühende Kaninchengesundheit

Filipendula ulmaria, früher: *Spiraea ulmaria* (Echtes Mädesüß)

Bei den Kelten gehörte Mädesüß zu den drei heiligsten Pflanzen. Doch nicht nur die Druiden wussten um deren Heilkräfte. Auch heute noch vertrauen Kräuterkundige der Kraft der Pflanze, die verbreitet auf feuchten Wiesen, an Ufern und Gräben wächst. Ihr süßer Duft nach Vanille und Mandeln stimmt einen positiv und fröhlich. Bienenstöcke wurden in früheren Zeiten mit Mädesüß ausgerieben, denn die Bienen lieben diesen Duft über alles. Namen wie „Immenkraut“ oder „Bienentrost“ weisen noch darauf hin. Neben den ätherischen Ölen, die für den Duft verantwortlich sind, enthält die Pflanze Flavonoide, Gerbstoffe, Flavonglykoside, Salicylsäure, Schleim und Kieselsäure.

Kaninchen mögen die Pflanze aus der Familie der Rosengewächse zum Fressen gern und können in jedem Lebensalter von ihren Kräften profitieren. Blätter und Blüten schützen und kräftigen die Schleimhaut des Verdauungstrakts und stellen so eine optimale Verdauung und Nährstoffaufnahme sicher. Im Darm befindet sich darüber hinaus ein wichtiger Teil des Immunsystems. Nur in einer intakten und gesunden Darmschleimhaut können die Immunzellen wirkungsvoll arbeiten. Mädesüß stärkt damit auch die Immunabwehr. Die sanfte Heilpflanze ist wie geschaffen für die Behandlung von Durchfall bei Jungtieren. Eine Besonderheit ist ihre Wirkung gegen zu viel Säure im Körper. Säuerlich riechender Durchfall kann ein Anzeichen dafür sein. Einige Tage lang ein kleines Blatt oder eine Prise Blüten übers Futter gestreut, schafft hier Abhilfe. Mädesüß hilft auch bei Harnwegsentzündungen. Es steigert die Harnausscheidung, sodass Nieren und Blase gut durchgespült werden, und hemmt die krankmachenden Bakterien. Auch

Vom Mädesüß werden sowohl die Blätter als auch die Blüten verwendet.

für ältere Kaninchen eignet sich die Pflanze als Beifutter; sie stärkt das Herz und hilft bei altersbedingten Gelenkschmerzen. Mädesüß ist eine wichtige Heilpflanze bei Infektionen. Es hemmt sogar so berüchtigte Krankheitserreger wie Coli-Bakterien, *Staphylococcus aureus* und *Pseudomonas aeruginosa*. Die beiden Letzteren sind oft bei Kaninchenschnupfen und Lungenentzündungen mit im Spiel, ebenso bei Abszessen – ein bei Kaninchen häufiges und leidiges Thema. Bei diesen Krankheiten ist zusätzlich zur tierärztlichen Behandlung die Gabe von Mädesüß empfehlenswert. Hierzu wird täglich eine Prise Blüten übers Futter gestreut. Bei Abszessen sind auch Spülungen oder Umschläge mit einem Aufguss möglich. Hierfür 1 Teelöffel Blüten mit 0,5 dl kochendem Wasser übergießen und zugedeckt 10 Minuten stehen lassen. Mit diesem Aufguss kann man auch entzündete Augen auswaschen; dazu muss er sorgfältig filtriert werden, damit keine Schwebeteilchen in die Augen geraten.

Die ätherischen Öle beruhigen nicht nur Bienen: Nervöse und ängstliche Kaninchen werden durch Mädesüß-Blüten gelassener, auch kribbelig machender Juckreiz bei Hautkrankheiten klingt ab. Neuere Untersuchungen sprechen der alten Druidenpflanze sogar tumorhemmende Wirkung zu. So kann man Gesäugetumoren älterer Häsinnen mit äußerlichen Waschungen behandeln. Der Tumor wird kaum verschwinden, doch sein Wachstum kann sich verlangsamen und so dem Tier noch ein bisschen mehr Lebenszeit geben. Zusätzlich verfüttert man Zaunwinde, die es dem Tumor erschwert, neue Blutgefäße wachsen zu lassen.
Die Dosis von Mädesüß sollte man nicht übertreiben, denn der Gehalt an Salicylsäure (pflanzliches Aspirin) wirkt als mildes Blutverdünnungsmittel. Eine Prise täglich genügt! An trächtige Häsinnen sollte die Pflanze nicht verfüttert werden, da sie eine gebärmutteranregende Wirkung hat.

TIPP FÜR ZWEIBEINER

Mädesüß hilft auch dem erkälteten oder rheumageplagten Kaninchenzüchter: Der Tee ist entzündungshemmend, fiebersenkend und schmerzstillend. Die Zubereitung ist einfach: 1 Teelöffel Blüten mit 2,5 dl kochendem Wasser übergießen und zugedeckt 10 Minuten ziehen lassen.
Aus Mädesüß-Blüten lässt sich ein Sorbet zubereiten, das nach einem üppigen Essen nicht nur gut schmeckt, sondern auch Sodbrennen verhindert.

Mariendistel heilt die Leber

Silybum marianum (Gewöhnliche Mariendistel)

Wer versehentlich sein Pilzgericht mit einem tödlich giftigen Knollenblätterpilz angereichert hat, darf heute mit guten Überlebenschancen rechnen – das lebensbedrohende Leberversagen kann meist abgewendet werden. Nicht ein chemisches Medikament macht es möglich, sondern eine Pflanze: Die Mariendistel ist das beste Lebermittel, das die Medizin heute kennt!

Nur selten trifft man die bis 1,5 m hohe Pflanze verwildert an. Ihre Heimat sind das Mittelmeergebiet und der Orient. Sie lässt sich jedoch gut aus Samen ziehen und vermehrt sich von allein im Garten, wenn ihr der Standort (sonnige Lage und durchlässiger Boden) zusagt. Ihre großen, stachligen Blätter mit dem weißen Marmormuster entlang der Blattadern machen sie unverwechselbar.

Kaninchen leiden glücklicherweise selten unter Pilzvergiftungen, aber Mariendistel schützt die Leber auch vor Umweltgiften, Bakterientoxinen und anderen Schadstoffen.

Die Leber ist die Zentrale im Verdauungssystem. Magen und Dünndarm zerlegen die Nahrung in verwertbare Bestandteile. Diese werden vom Blut aufgenommen

Die marmorierten, stacheligen Blätter sind ein typisches Merkmal für die Mariendistel.

Von der Mariendistel werden vor allem die Samen verwendet.

und zur Leber transportiert. Sie wandelt nun Eiweiße, Kohlenhydrate und Fette in körpereigene Substanz um. Der Organismus kann sie erst in dieser Form nutzen. Bei Tieren, die nicht so recht wachsen wollen, und bei allen Verdauungsproblemen, vor allem auch chronischen, sollten immer auch Leberstörungen in Betracht gezogen und die Tiere mit einer Mariendistelkur unterstützt werden. Die Wirkung von Mariendistel auf die Leber ist einzigartig: Sie schützt vor Giftstoffen, repariert geschädigte Leberzellen und regt die Bildung neuer Leberzellen an.

Verwendet werden die Samen, die auch in Drogerien erhältlich sind und den Kaninchen prisenweise übers Futter gestreut werden. Sie enthalten Silymarin (ein Gemisch mehrerer leberschützender Wirkstoffe), Flavonoide, 28 % Eiweiß und bis zu 30 % fettes Öl.

Mariendistelsamen geben Energie, denn die Leber ist zuständig für die Energiebereitstellung im Körper. Ein Tier, das ohne sichtbare Krankheitssymptome immer etwas müde erscheint, dem das innere Feuer fehlt, ist nach einer Mariendistelkur oft nicht mehr wiederzuerkennen. Unerkannte Virusinfektionen beispielsweise oder Umweltgifte können die Leber belasten und zu solcher Energielosigkeit führen. Fressen die Tiere die Samen nicht, was allerdings selten ist, muss man auf eine alkoholische Mariendisteltinktur (Zubereitung einer Tinktur siehe Seite 154) ausweichen, denn Silymarin ist nicht wasserlöslich, sodass ein Tee weitgehend unwirksam ist.

Mariendistel als Vorbereitung auf die Ausstellungssaison optimiert nicht nur die Verdauung, sondern gibt dem Tier eine Extraportion Energie für eine eindrückliche Präsentation auf dem Richtertisch – ein gesundes Doping sozusagen! Man beginnt drei bis vier Wochen vor Ausstellungssaison mit der Gabe von einer Prise Mariendistelsamen pro Tag zum Kraftfutter. Trächtige Häsinnen profitieren ebenfalls von einer solchen Kur, denn ihre Leber arbeitet während der Tragzeit und nach der Geburt auf Hochtouren. Mariendistel fördert überdies den Milchfluss.

Maßliebchen mit Maß

Bellis perennis (Gänseblümchen, Maßliebchen)

Das Maßliebchen oder Gänseblümchen gehört zu den ersten Pflanzen, die wir als Kinder kennenlernen. In jedem Rasen ist es zu finden, rührend klein, doch strahlend, eine richtige „Kinderblume“, deren Blüten zum Basteln und zum Naschen einladen. Die Heilkräfte, die in seinen Blüten und Blättern stecken, sind weniger bekannt. Es gehört zu den mächtigen Wundheilmitteln und steht den berühmteren Arten Arnika und Ringelblume in nichts nach. Äußerlich hilft es bei Verstauchungen, Verrenkungen und Blutergüssen, als Tee eingenommen bei inneren Verletzungen und Organblutungen.

In homöopathischer Verdünnung als Bellis perennis C30 wirkt es gezielt auf Verletzungen der Weichteile im Bauchbereich. Einige Blüten nach einem Sturz verfüttert oder bei Häsinnen nach einer schweren Geburt lindern Schmerzen und Gewebeverletzungen. Bei Milchdrüsenentzündung helfen Waschungen mit einem Aufguss des blühenden Krauts. Hierfür 2 Teelöffel getrocknetes oder 2 Esslöffel frisches Kraut mit 2 dl kochendem Wasser überbrühen und etwa 10 Minuten ziehen lassen.
Wollen Jungtiere nicht so recht gedeihen, bietet man ihnen täglich ein Blümchen zum Fressen an. Das hilft ihnen auf die Beine. Tränende Augen wäscht man mit

Gänseblümchen helfen Kaninchen besonders bei Magen-Darm-Beschwerden.

dem reizlindernden und wundheilenden Tee aus. Zubereitung wie oben beschrieben, aber für die Anwendung am Auge ist es wichtig, den Tee am Schluss durch ein Filterpapier (ersatzweise auch ein frisches Papiertaschentuch) zu gießen, damit keine Pflanzenteilchen in die Augen geraten können. Das Auswaschen erfolgt immer Richtung Nase.

Ein oder zwei Gänseblümchen pro Tage genügen für ein Kaninchen.

Für die Kaninchen-Apotheke speziell interessant ist die Wirkung auf den Verdauungstrakt: Maßliebchen helfen bei Magen- und Darmbeschwerden, vor allem wenn Gärungsprozesse mitspielen. Hier denkt der aufmerksame Kaninchenzüchter gleich an die Enterocolitis, deren Ursachen noch im Dunkeln liegen, die aber mit einer Disharmonie der Darmflora einhergeht. Man findet in den Därmen verendeter Tiere Clostridien und Coli-Bakterien, die normalerweise nicht im Kaninchendarm vorkommen. Auch Bakteriophagen werden gefunden, das sind Viren, die sich in Bakterien vermehren. Bakteriophagen würden die Verbindung schaffen zwischen der Theorie, es handle sich um eine Viruserkrankung, und der Beobachtung, dass Antibiotikagaben oft eine Besserung bewirken. Antibiotika wirken ja nur auf Bakterien, nicht aber auf Viren!

Maßliebchen hat eine virentötende und lymphreinigende Wirkung. Bei Enterocolitis entzündet sich das lymphatische Gewebe und stirbt ab. Die Wirkungsweise von Maßliebchen deckt einige Symptome der Enterocolitis ab; in betroffenen Beständen könnte als zusätzliche Maßnahme ein Versuch mit Maßliebchen-Tee oder Verfüttern des Pflänzchens gemacht werden.
Bitte nicht überdosieren: Täglich ein oder zwei frische Pflänzchen pro Tier genügen! Möchte man einen Vorrat an getrockneten Maßliebchen anlegen, breitet man sie an einem luftigen Ort zum Trocknen aus, da die Inhaltsstoffe teilweise hitzeempfindlich sind.

Melisse stärkt die Nerven

Melissa officinalis (Zitronenmelisse)

Die bekannte Heilpflanze stammt ursprünglich aus dem Orient, ist aber seit Langem im Mittelmeerraum heimisch. Bei uns ist Zitronenmelisse eine Gartenpflanze, kann aber hie und da verwildert gefunden werden. Man erkennt sie an den nesselähnlichen Blättern mit dem angenehmen Zitronenduft. Ihr Nektarreichtum macht sie zu einer wichtigen Bienenpflanze; sogar der Name verweist darauf (Melissa = griechisch: Biene).

Die Zitronenmelisse ist eine sanfte Heilpflanze, beruhigend und gleichzeitig belebend, erfrischend und stimmungsaufhellend. Der berühmte Arzt Paracelsus bezeichnete sie als Lebenselixier. In der Kaninchenzucht ist sie die ideale Heilpflanze, um junge Kaninchen durch die Absetzphase zu begleiten.
Der vertraute Familienverband muss aufgelöst werden, weil der Platz zu eng wird oder die Jungtiere langsam die Geschlechtsreife erreichen. Diese Veränderungen sind für die Tiere mit Stress verbunden und können über das vegetative Nerven-

Zitronenmelisse hilft nicht nur bei körperlichen Beschwerden, sondern wirkt sich auch positiv auf die Psyche der Kaninchen aus.

system die Verdauung beeinträchtigen. Melisse wirkt dem entgegen, denn sie enthält darmstärkende Gerbstoffe, verdauungsanregende Bitterstoffe, entzündungshemmenden Schleim und entspannende ätherische Öle.
Man beginnt mit der Kur einige Tage, bevor man die Jungtiere von der Mutter trennt, und fährt nach der Trennung noch etwas damit fort. Auch Stallwechsel oder Gruppenumstellungen machen auf diese Weise den Kaninchen weniger „Bauchweh".

Melisse hilft jedoch nicht nur Jungtieren: Nervöse Häsinnen beruhigt sie vor dem Werfen und nach der Geburt ist sie eine wertvolle Zusatznahrung, denn sie fördert den Milchfluss. Weiter unterstützt sie die Herztätigkeit und stärkt Atmung und Kreislauf – ideal als Tonikum für drückend heiße Tage!

Und schließlich eignet sich Melisse ausgezeichnet zur Reisevorbereitung: Ihre beruhigende Wirkung vermindert auch in dieser – für das Kaninchen unangenehmen – Situation den Stress und sorgt dafür, dass keine Reiseübelkeit auftritt. Zwei Tage vorher und am Morgen des Reisetages jeweils eine kleine Handvoll Melisse füttern, ist die beste Vorbereitung auf die Anreise zur nächsten Ausstellung. Durch die stabilisierende Wirkung auf Herz und Kreislauf werden auch Reisen bei wärmeren Temperaturen weniger strapaziös für die Tiere. Trotzdem empfiehlt es sich, zusätzlich eine wassergefüllte, tiefgekühlte PET-Flasche in ein Tuch gewickelt als Kühlbeutel in die Transportkiste zu geben.

TIPP FÜR ZWEIBEINER

Berühmtheit erlangte Melisse aufgrund ihrer hemmenden Wirkung auf Herpes-Viren. Kaninchenzüchter, die unter den lästigen und immer wiederkehrenden Fieberblasen leiden, sollten im akuten Stadium sorgfältig die Hände waschen vor dem Kontakt mit ihren Tieren. Herpes-Viren sind auf Kaninchen übertragbar (sie werden sogar als Versuchstiere dazu eingesetzt) und führen im Kaninchenorganismus zu einer Hirnentzündung, die nicht behandelbar und tödlich ist.
Der betroffene Kaninchenzüchter kann sich mit Tee aus Melisse helfen: Einige Blätter mit kochendem Wasser übergießen und 15 Minuten zugedeckt ziehen lassen. Die Bläschen damit betupfen, dazu immer frische Tupfer verwenden. Als teilweisen Schutz vor Ansteckung kann man in der Akutphase den Kaninchen regelmäßig Melisse verfüttern oder Melissen-Tee zu trinken geben.

Myrte lässt verschnupfte Kaninchen aufatmen

Myrtus communis (Gewöhnliche Myrte)

Die Echte Myrte oder Brautmyrte ist ein immergrüner Strauch aus dem Mittelmeerraum, wo sie zur Macchie, einer mediterranen Vegetationszone der Hartlaubgewächse, gehört. Sie ist bei uns nicht winterhart, kann aber gut als Kübelpflanze gehalten werden. Ihre wunderschönen weißen Blüten und die aromatisch duftenden Blätter machen sie zu einer attraktiven Pflanze.

Im Mittelmeerraum ranken sich viele Sagen und Bräuche um die Myrte. So soll sie direkt aus dem Paradies stammen, denn laut einer Sage nahm Adam bei der Vertreibung einen Myrtenzweig zur Erinnerung mit. Die Pflanze war bei den Griechen und Römern ein Zeichen für Schönheit und Reinheit und galt als Sinnbild der Liebe, aber auch des Friedens. Blätter, Blüten und Früchte werden noch heute für die Zubereitung von Likören genutzt und die Zweige auch als Feuerholz beim Grillen.

Die Verwendung als Heilpflanze geht auf die alten Griechen zurück. Die Beeren werden in der Volksmedizin bei Durchfall eingesetzt. Für die Kaninchen-Apotheke interessanter sind jedoch die Blätter und Zweige. Sie enthalten ätherische Öle, Gerbstoffe, organische Säuren, Harz und Bitterstoffe und wirken appetitanregend, antibakteriell und stoppen Durchfall.

Die starke Wirkung auf die Atemwege geht auf die ätherischen Öle zurück. Sie sind auswurffördernd, schleimlösend, entzündungshemmend, stimulieren das Immunsystem – und helfen bei Nebenhöhlenentzündungen. Gerade die Nebenhöhlen sind ja bei Kaninchen so schwer zugänglich, weshalb Schnupfen oft chronisch verläuft.

INFO

Die Atmung

Kaum eine andere Körperfunktion verbinden wir stärker mit Leben als die Atmung. Der aufgenommene Sauerstoff dient der Energiegewinnung. Ohne diese Energie stehen alle Vorgänge im Körper still. Ein mittelgroßes Kaninchen atmet dafür täglich rund 1500 Liter Luft ein und aus. In der Nase wird die einströmende Atemluft angefeuchtet und erwärmt, größere Staubpartikel werden hier zurückgehalten. Über Rachen und Kehlkopf gelangt die Luft in die Luftröhre und in die Bronchien. Diese verästeln sich in immer kleinere Bronchiolen und münden schließlich in die Lungenbläschen, wo Sauerstoff ins Blut aufgenommen und Kohlendioxid abgegeben wird.

Die Myrte galt früher als ein Sinnbild der Liebe.

Kaninchen sind recht anfällig gegenüber Atemwegserkrankungen. Die engen Nasennebenhöhlen begünstigen die Besiedelung mit Krankheitserregern – und erschweren deren Bekämpfung. Schnupfen kann harmlos sein, aber auch lebensbedrohlich, etwa bei Infektionen mit Pasteurella-Bakterien. Äußere Faktoren wie Zugluft, staubige Einstreu, feuchte Ställe, hohe Besatzdichte mit entsprechender Ammoniakbelastung, aber auch übermäßiger Einsatz von Desinfektionsmitteln leisten dabei Vorschub. Sie greifen die Schleimhaut an, mit der die Atemwege ausgekleidet sind, und beeinträchtigen die Reinigungsfunktion der feinen Flimmerhärchen. Deren wichtige Aufgabe ist es, eingeatmete winzige Partikel, wie feinste Staubkörnchen, Mikroorganismen oder Schadstoffpartikel, mit synchronen Bewegungen Richtung Rachen zu befördern. Dort werden die Eindringlinge geschluckt und ausgeschieden. Myrte ist mild und auf jeden Fall einen Versuch wert bei Tieren mit Schnupfen. Am besten gibt man ein etwa 5 cm langes Zweigstück jeden 2. Tag im Wechsel mit der gleichen Menge Bohnenkraut. Die Behandlung erfordert Geduld, denn sie muss über längere Zeit fortgesetzt werden. Wenn der langohrige Patient keine Symptome mehr zeigt, fährt man mit der Behandlung trotzdem noch einen Monat lang fort, reduziert aber die Gabe auf ein- bis zweimal pro Woche ein wenig Myrte und Bohnenkraut. Als Zusatzbehandlung zur tierärztlichen Verordnung kann Myrte auch bei Lungenentzündungen eingesetzt werden.

INFO

Vorsicht bei frisch gekauften Myrtenpflanzen!

Bis zum Verfüttern sollte man einige Wochen abwarten, damit Pflanzenschutzmittel, die möglicherweise zum Einsatz kamen, abgebaut werden. Behandelt werden nur niesende Kaninchen mit gutem Allgemeinbefinden. Schwer kranke Tiere mit starkem oder eitrigem Nasenausfluss und behinderter Atmung müssen einem Tierarzt vorgestellt werden. Wie immer gehören kranke Tiere während der Behandlungszeit auf jeden Fall in einen Quarantäne-Stall, damit die Krankheit nicht um sich greifen kann.

Nachtkerze verschafft Wohlbefinden

Oenothera biennis (Gewöhnliche Nachtkerze)

Die hübsche Nachtblüherin kam im 17. Jahrhundert als Gemüse und Zierpflanze aus Amerika zu uns. Die Nachtkerze ist eine zweijährige Pflanze, das heißt, sie bildet im ersten Jahr eine Blattrosette und blüht erst im zweiten Jahr. Nach der Blüte stirbt sie ab, samt sich aber problemlos aus (böse Gärtnerzungen sprechen von Unkraut). In der Dämmerung öffnen sich die schwefelgelben Blüten in zeitrafferschnellem Tempo und verblüffen damit den Beobachter. Dieses abendliche Schauspiel und ihr Duft, der zahllose Nachtfalter anlockt, verzaubern laue Sommernächte. Dass ihr darüber hinaus noch besondere Heilkräfte innewohnen, macht sie fast zu einem „Muss“ für den Kaninchengarten!

Als Wirkstoffe finden sich in den Blättern Flavonoide, Schleim- und Gerbstoffe, Zucker, Harz und Phytosterole; die ölhaltigen Samen enthalten beachtliche Mengen an Gamma-Linolensäure. Kaninchen mögen im Allgemeinen Nachtkerze sehr gern,

Erst am Abend öffnet die Nachtkerze ihre Blüten und verströmt ihren Duft.

einige Tiere müssen sich aber zuerst (wie auch bei anderem Grünzeug) daran gewöhnen. Doch bald stürzen sie sich mit Begeisterung auf die stärkenden Blätter, Blüten und Samenkapseln.

Bei Kaninchen mit Schnupfen löst Nachtkerze den Schleim, lindert die Entzündung der gereizten Luftwege und lässt das Kaninchen wieder besser atmen. Tieren mit asthmaähnlichen Symptomen wie z.B. starke Flankenatmung sollte man regelmäßig Nachtkerze füttern. Sie stärkt den Kreislauf, erweitert sanft die Bronchien und vertieft dadurch die Atmung. Im Akutfall bereitet man einen Tee aus 1 Esslöffel frischer oder getrockneter Nachtkerze (Blätter, Blüten und Samenkapseln) auf 2 dl kochendes Wasser zu. 15 Minuten ziehen lassen, abseihen und lauwarm eingeben. (Verstärkte Atmung aufgrund einer Trommelsucht muss jedoch anders behandelt werden, siehe „Trommelsucht, ein akuter Notfall" Seite 148.)

Nachtkerze wirkt blutreinigend, verbessert die Fellqualität und stärkt die Krallen. Sie regt das Entgiftungsorgan Leber und das Immunorgan Milz an, aktiviert den Stoffwechsel und dämpft allergische Reaktionen. Blätter und Sprossspitzen helfen gegen Durchfall, lindern Darmkrämpfe und sind auch für Jungtiere gut geeignet. Die Samen fördern die Prostaglandin-Produktion im Körper. Prostaglandine sind eine Gruppe von Gewebshormonen, die unter anderem Aggressionen abbauen, die Nerven stärken und dem Tier ganz einfach Wohlbefinden vermitteln. Am einfachsten verfüttert man dazu die ganzen Samenkapseln.

Nachtkerze gilt auch als ausgezeichnetes Wundmittel: Ein Brei aus Blättern und Samen wird bei Verletzungen und Prellungen aufgelegt. Das soll so rasch wirken, dass die Pflanze in Südamerika den Namen „Bluttrinker" erhielt. Nach durchgemachter Krankheit hilft die kräftigende Wirkung der Nachtkerze einem Kaninchen rasch wieder auf die Beine. Ein altes Sprichwort besagt, dass ein Pfund Nachtkerzenwurzeln mehr Kraft geben soll als ein Zentner Ochsenfleisch.

TIPP FÜR ZWEIBEINER

Wer die Wurzeln wie in alten Zeiten gedämpft als Gemüse genießen möchte, sollte dazu einjährige Wurzeln sammeln, denn im zweiten Jahr verholzen sie stark. Blüten und Knospen kann man dem Salat beigeben und die nussartig schmeckenden Samen darüber streuen.

Nadelgehölze – stachlig, aber gesund

Picea abies (Gewöhnliche Fichte)
Abies alba (Weißtanne)
Pinus sylvestris (Föhre)

In der Kaninchenhaltung ist es wesentlich einfacher Krankheiten vorzubeugen, als bereits erkrankte Tiere zu behandeln. Eine wichtige Regel zur Gesunderhaltung ist die jahreszeitgemäße Fütterung: Benötigt der Körper im Sommer vorwiegend kühlende und befeuchtende Nahrung (siehe Seite 48 ff.), so muss sie im Winter wärmen und kräftigen. Gras im Sommer und Heu im Winter sind eine gute Basis. Der pflanzenkundige Kaninchenzüchter kann zusätzlich geeignetes Beifutter reichen.

Die Natur hält das zur Jahreszeit passende Angebot bereit. Im Winter gehören dazu immergrüne Äste von Nadelbäumen: Sie beschäftigen unsere Schützlinge und sind sehr gesund. Einzelne Kaninchen verstehen zwar anfänglich nicht ganz, was sie mit dem stachligen Zeug anfangen sollen, doch nach einigen Kostproben knabbern die meisten mit Begeisterung darauf herum. Die Lärche (*Larix decidua*) wirft dagegen im Herbst die Nadeln ab, die Kaninchen mögen ihre kahlen Äste nicht besonders.

Äste von Nadelgehölzen – hier eine Fichte – sind für den Winter ein geeignetes Beifutter.

Alle Nadelbäume sind wärmend und stärkend. Ihre Blätter, also die Nadeln, enthalten Gerbstoffe, Bitterstoffe, Vitamine, Spurenelemente und als Hauptwirkstoff ätherische Öle, die Balsam für die Atemwege sind, Krankheitserreger hemmen und Entzündungen besänftigen.

Die Nadeln der Fichte scheinen uns zwar unangenehm stachlig, sind aber bei den Kaninchen erstaunlich beliebt. Fichte hilft bei gereizten Atemwegen, bei Hals- und Rachenentzündung, lindert aber auch Hautkrankheiten.

Föhre regt den Harnfluss an und stärkt die Unterleibsorgane; sie soll sogar aphrodisierend wirken.

Weißtanne und Föhre helfen bei Erkrankungen der Atemorgane und kräftigen die Nerven.
Neben Ästen kann man Kaninchen auch Tannenzapfen zur Beschäftigung reichen. Die Samen darin sind nahrhaft und gesund.

Wichtig ist zu wissen, dass in unseren Wäldern auch die selten gewordene Eibe wächst, ein äußerst giftiges Nadelgehölz! Ihre Äste ähneln der Weißtanne, den Eibennadeln fehlen aber auf der Unterseite die weißen Streifen. Das beste Unterscheidungsmerkmal findet sich jedoch an der Nadelspitze: Nadeln der Eibe sind weich und laufen allmählich in eine Spitze aus. Weißtannennadeln sind steifer, allerdings kaum stechend und weisen an ihrer Spitze eine unverkennbare Kerbe auf! Der Eibe fehlt im Übrigen der typische harzige Geruch!

Nadelbäume sind auch Teil der Bach-Blütentherapie: Lärche und Föhre helfen unsicheren und ängstlichen Tieren. Die Blütenessenz von Föhre (Nr. 24 Pine) ist geeignet für Tiere, die durch schlechte Erfahrung ängstlich geworden sind, zum Beispiel Gruppenhaltungstiere, die zuunterst in der Rangordnung stehen, zu wenig Ausweichmöglichkeiten haben und als ständige Prügelknaben stark eingeschüchtert sind.
Die Blütenessenz von Lärche (Nr. 19, Larch) passt auf übervorsichtige Tiere, die Mühe mit Neuem haben, sich beispielsweise kaum an ein neues Futter herantrauen. Lärchenessenz eignet sich zudem als Zusatztherapie bei Infektionen und chronischen Krankheiten.

Der Unterschied ist gut zu erkennen: links ein Zweig der giftigen Eibe, rechts von einer Weißtanne.

Echte Nelkenwurz für alle Fälle

Geum urbanum (Echte Nelkenwurz)

Diese beinahe vergessene Heilpflanze trägt auch den Namen Heil-aller-Welt! Für die Kaninchenwelt jedenfalls passt der Name gut: Nelkenwurz hat eine breite Wirkung auf Verdauung, Kreislauf und Nerven und deckt einen großen Teil der Gesundheitsprobleme von Kaninchen ab. Im Verdauungstrakt regt Nelkenwurz Leber und Galle an und hilft bei Magen- und Darmstörungen, unabhängig davon, ob diese durch Infektionen oder Fütterungsfehler ausgelöst wurden.

Nelkenwurz gehört zu den Kräutern, die kranken Kaninchen wieder auf die Beine helfen. Wenn ein Tier keinen Appetit mehr zeigt – Nelkenwurz wird meist noch gefressen und kann so zur Gesundung beitragen! Nach einer Antibiotikabehandlung bringt Nelkenwurz die Darmflora wieder ins Gleichgewicht. Darüber hinaus hat sie als altes Malariamittel eine Hemmwirkung auf Einzeller (Protozoen). Kokzidien gehören ebenfalls zu dieser Gruppe und jeder Kaninchenhalter weiß, wie sehr diese ihm und seinen Schützlingen das Leben schwer machen können.

Nelkenwurz bevorzugt leicht feuchte, schattige Standorte.

Ab und zu eine Nelkenwurz-Kur hilft, die Kokzidien in Schach zu halten – wenn die Stallhygiene stimmt. Bei massivem Kokzidienbefall mit Durchfall sollte jedoch auf die chemische Keule zurückgegriffen werden. Abwechselnder Einsatz von pflanzlichen und chemischen Kokzidienhemmern erschwert die Resistenzbildung der Parasiten und ist empfehlenswert.

Das sind Gründe genug, die Heilpflanze an Waldrändern und Hecken mit guter Bodenfeuchte zu suchen oder, noch besser, in einer halbschattigen Ecke im Garten anzusiedeln! Sie überwintert als Rosette, lässt sich bei Bedarf also das ganze Jahr hindurch ernten. Als wirksame Inhaltsstoffe findet man Gerbstoffe, Bitterstoffe, organische Säuren und ätherische Öle mit dem Hauptbestandteil Eugenol, das den Gewürznelken das charakteristische Aroma verleiht und der Nelkenwurz zu ihren duftenden Wurzeln und dem Namen verhalf.

Nach den Wintermonaten unterstützt Nelkenwurz die Umstellung des Organismus auf die Grünfütterung. Ein weiterer alter Name für Nelkenwurz lautet „Mannskraftwurzel“ und deutet auf die Verwendung als Aphrodisiakum hin. Täglich zwei bis drei Nelkenwurzblätter lassen einen älteren Rammler wieder zu jugendlicher Frische zurückfinden. Die Herz stärkende Wirkung hilft ihm dabei, den zweiten Frühling schadlos zu überstehen.

Nelkenwurz soll nicht überdosiert werden: Kurmäßig einige Blätter täglich genügen! Zur Teebereitung übergießt man 1 Teelöffel getrockneter Blätter oder klein geschnittener Wurzeln mit 2 dl kochendem Wasser. Wenn ein Tier Fressen und Trinken verweigert, kann man auch einen Nelkenwurzwein zubereiten: 10 g fein geriebene trockene Wurzel in 2 dl Rotwein einlegen, nach 24 Stunden filtrieren und in eine dunkle Flasche abfüllen. Davon dem Kaninchen 1 ml pro Tag mit einer Spritze eingeben.

INFO

Kokzidienbekämpfung durch Hygiene und Kräuter

Kokzidien sind einzellige Parasiten (Protozoen), die in den Zellen der Darmschleimhaut leben, diese entzünden und ihre Funktion behindern. Durch die eingeschränkte Nährstoffaufnahme kommt es zu Wachstumsstörungen und Abmagerung. Die Tiere haben keinen Appetit, ihr Kot ist ungeformt, Durchfall ist möglich. Aufblähungen und struppiges Fell sind weitere Anzeichen. Durch den Kokzidienbefall kommt es zu Veränderungen der Darmflora: Pathogene Bakterien nehmen zu und verschärfen die Verdauungsprobleme. Aus einer aufgenommenen Oozyste bilden sich im Kaninchenorganismus innerhalb von zwei Wochen 200.000 bis 500.000 neue Oozysten!

Kokzidien durchlaufen einen komplizierten Entwicklungszyklus, wobei der Züchter vor allem wissen muss, dass die mit dem Kot ausgeschiedenen Oozysten im Stall zwei bis drei Tage benötigen, um wiederum infektiös zu werden. Säubert man in Jungtierställen die Kotecke alle drei Tage, wird der Infektionsdruck massiv gesenkt. Füttert man dazu regelmäßig die kokzidienhemmenden Kräuter Beifuß, Dost, Nelkenwurz und Wilde Karde, wird man kaum mehr Probleme haben.

Odermennig geht Abszessen auf den Grund

Agrimonia eupatoria (Kleiner Odermennig)

Das attraktive Pflänzchen aus der Familie der Rosengewächse wächst auf trockenen Wiesen und an sonnigen Waldrändern. Da Odermennig nicht zu den häufigen Pflanzen gehört, siedelt man ihn am besten im Garten an; er bildet mit seinen fein duftenden, gelben Blütenkerzen eine schöne Bereicherung.

Odermennig besitzt eine starke Heilwirkung auf entzündete Schleimhäute des gesamten Verdauungstrakts. Neben der Linderung von Magen- und Darmentzündungen besänftigt er vor allem Abszesse in der Mundhöhle, die oft von einem entzündeten Zahnfach herrühren. Nach Öffnen und Reinigen des Abszesses durch den Tierarzt lindert Odermennig Schmerzen und Entzündung, beschleunigt die Verheilung der Wunde und verringert die Gefahr, dass sich der Abszess erneut bildet.
Zu Beginn der Behandlung verwendet man einen konzentrierten Odermennig-Aufguss: 3 Teelöffel Kraut werden mit 3 dl Wasser erhitzt und auf kleiner Stufe

Da Odermennig nicht so häufig vorkommt, pflanzt man ihn am besten im eigenen Garten an einem sonnigen Plätzchen an.

Die Fiederblätter des Odermennigs mit großen und kleinen Einzelblättchen sind charakteristisch.

bis zur Hälfte eingekocht. Abkühlen lassen und dem Patienten mit einer Spritze eingeben. Das Tier muss die Flüssigkeit nicht unbedingt schlucken, die Mundhöhle soll damit vor allem gespült werden. Die Behandlung sollte ein bis zwei Wochen lang täglich mit frischem Aufguss wiederholt werden.

Zusätzlich verfüttert man während längerer Zeit täglich zwei Odermennigblätter. Die darin enthaltenen Gerbstoffe, Bitterstoffe, Kieselsäure, Nicotinsäureamid, Flavonoide und ätherischen Öle wirken nicht nur entzündungshemmend und abheilend, sondern auch funktionsanregend auf Leber und Nieren und reinigen über die verbesserte Ausscheidung den gesamten Organismus.

Tiere, die ohne spezielle Krankheitsanzeichen abmagern oder „muderig" sind, finden dank regelmäßig gereichter Odermennigblätter wieder zu neuer Kraft, fressen mit mehr Appetit und legen an Gewicht zu. Noch schneller wirkt Odermennig in Kombination mit Nelkenwurz. Auch für Jungtiere bilden Odermennigblätter ein gesundes Beifutter, dessen positive Wirkung auf den Darm ihre Entwicklung fördert.

Odermennig gehört zu den heilenden Blüten von Dr. Bach. Die Essenz Agrimony (Nr. 1) hilft, wenn ein Tier sich in Gruppenhaltung nicht wohlfühlt, vor allem, wenn die Gruppe nicht harmoniert und es zu vielen Rangeleien kommt. Die Blütenessenz hilft ebenfalls bei suchtartigem Ausleben von Ersatzbefriedigungen. Das kann Fresssucht nach Kastration sein, aber auch Fehlreaktionen aufgrund eines zu starken Geschlechtstriebes, der nicht ausgelebt werden kann und zu Frustration führt: übertriebenes Markierverhalten, Nervosität, Dauerbrunst bei Häsinnen, Fellrupfen. Während mehrerer Tage täglich einige Tropfen der Essenz dem Trinkwasser zugeben. Eine Verhaltensänderung sollte recht schnell eintreten, wenn die Essenz passend ist.

Petersilie – (fast) unentbehrlich für Kaninchen

Petroselinum crispum (Petersilie)

„Solange ein krankes Kaninchen noch Petersilie frisst, besteht Hoffnung." Seit Jahrzehnten wird dies als Insidertipp unter Kaninchenzüchtern gehandelt und sie befinden sich damit in bester Gesellschaft: In der Antike galt Petersilie als Symbol für die Wiedergeburt, sie sollte den Verstorbenen neues Leben einhauchen.
Während der Doldenblütler aus dem Mittelmeerraum lange Zeit vorwiegend als Heilpflanze verwendet wurde, steht er bei uns heute als Gewürz im Vordergrund. Man findet ihn weit verbreitet in Gärten, auf Balkonen und an Küchenfenstern. Petersilie gibt es krausblättrig oder glattblättrig.
Ihre Inhaltsstoffe sind beeindruckend: ätherische Öle mit Apiol und Myristicin (krause Sorten enthalten mehr Myristicin, die glattblättrigen zu gleichen Teilen Myristicin und Apiol), Flavonglykoside, die Mineralstoffe Eisen, Kalium, Kalzium, Mangan und Phosphor sowie die Vitamine A, B, C und Kieselsäure.

Petersilie wird von Kaninchen immer gern genommen.

Petersilie wird von Kaninchen geliebt und hat positive Wirkungen auf den gesamten Organismus: Sie ist appetitanregend und verdauungsfördernd, wirkt blähungsmindernd und so stark harntreibend, dass sie Nieren und Blase richtiggehend durchspült und dabei Harngrieß und Nierensteine ausschwemmt. Interessant ist die Beobachtung, dass Petersilie den Blutfluss in den Kapillaren (kleinste Blutgefäße) anregt und so die Sauerstoff- und Nährstoffversorgung in den Geweben und Organen verbessert. Das Kräutlein ist ein richtiger Jungbrunnen und hilft bei vielen größeren und kleineren Gesundheitsstörungen. Trotzdem sollte Petersilie nicht in übertrieben großer Menge verabreicht werden. „Mäßig, aber regelmäßig" wirkt hier viel besser.

Der Mineralienreichtum verhilft zu gesunder Haut und optimaler Fellqualität. Anflug von Rost (rötliche Verfärbungen in normalerweise dunklem Fell) kann von starker Sonneneinstrahlung, aber auch von Mineralstoffmangel herrühren. Weitere Zeichen von Mineralstoffmangel sind erhöhte Infektanfälligkeit, aber auch geringe Stresstoleranz. Petersilie ist daher ein ausgezeichnetes Zusatzfutter im Winter, wenn die Tiere durch Witterung und Ausstellungen stark gefordert sind.

Der hohe Eisen- und Kupfergehalt wirkt blutbildend und stärkend. Mangan steigert die Produktion von Sexualhormonen: Die manganreiche Petersilie ist fruchtbarkeitsfördernd und durch die verstärkte Durchblutung der Geschlechtsorgane gleichzeitig auch aphrodisierend. Zur Brunstanregung wird während etwa zwei Wochen täglich ein Petersilienstängel verfüttert.

In der Tragzeit sollte das Kräutlein weggelassen werden, da es gebärmutteranregend und damit geburtsauslösend wirken kann. Weglassen sollte man vorsichtshalber auch die Petersiliensamen: Sie enthalten große Mengen an Apiol (60 %) und können bei Überdosierung zu Leber- und Nierenschäden führen.

TIPP FÜR ZWEIBEINER

Petersilie ist natürlich auch für Zweibeiner sehr gesund. Hier soll besonders die stärkende Wirkung auf Augen und Sehnerv hervorgehoben werden. Bei nachlassender Sehkraft, Grauem Star und Augenentzündungen hilft Petersilie, am besten in Kombination mit Karotten.

Ringelblume heilt innere und äußere Wunden

Calendula officinalis (Garten-Ringelblume)

Sie gehört zu den bekanntesten Heilpflanzen. Kein Bauerngarten kam früher ohne die fröhlich-bunte Blume aus, die Gemüse und Boden gesund erhält und aus der die Bäuerin Heilsalbe für Mensch und Tier kochte. Darüber hinaus hatte man mit der Ringelblume gleich noch eine kleine Wetterstation im Garten, denn die Regel besagt, dass es Regen gibt, wenn diese Pflanze ihre Blüten bis 7 Uhr (bzw. 8 Uhr Sommerzeit) nicht geöffnet hat.

Ihre Heimat wird im Mittelmeerraum vermutet. Da die Ringelblume keine Wildpflanze ist, muss sie im Garten angesiedelt werden. Das ist einfach, denn sie ist anspruchslos und sät sich immer wieder selbst aus, wobei sie drei verschiedene Samentypen bildet: am Blütenrand stachelige Klettfrüchte, die vorbeistreifenden Tieren im Fell hängenbleiben, und Flügelfrüchte, die vom Wind verfrachtet werden. Diese beiden sind die Pioniere, die nach neuem Lebensraum suchen. In der Blütenmitte ähneln die Samen Insektenlarven. Sie fallen in der Nähe der Mutterpflanze zu Boden, wo sie im nächsten Frühling auskeimen. Befürchtungen, die Ringelblume könnte sich im Garten allzu stark ausbreiten, sind unbegründet, denn sie ist für Mensch und Tier eine wertvolle Heilerin. Ringelblumen strahlen Ruhe und etwas Tröstliches aus, sie sind behäbig und gut verwurzelt.

Schon im Mittelalter wurde die Ringelblume als wertvolle Heilpflanze geschätzt.

Im 12. Jahrhundert wurde sie erstmals als Heilpflanze gegen Tierbisse und bei Leber- und Milzverstopfung erwähnt. Hildegard von Bingen empfahl sie innerlich bei Verdauungsstörungen, äußerlich bei eiternden Wunden. Auch für kranke Tiere empfahl sie die Pflanze, etwa für Schafe, die an Blähsucht litten. Bei dieser Anwendung wird der Kaninchenhalter hellhörig, denn auch seine Schützlinge leiden gelegentlich unter Trommelsucht. Tatsächlich ist Ringelblume eine vielseitige Verdauungshelferin: Sie löst Verhärtungen in Magen und Darm, stärkt die Leber und regt den Gallefluss an. Damit verhilft sie zu einer guten und zügigen Verdauung. Sie fördert außerdem den Kotabsatz – das macht sie zu einem guten Beifutter für Tiere, die wenig Heu fressen, kleine Köttel haben und meist auch schlecht gedeihen. Ringelblume hilft aber auch Tieren mit weichem Kot. Sie lindert Entzündungen an den Schleimhäuten von Magen und Darm.

Neben Arnika ist die Ringelblume die wichtigste Heilerin von Verletzungen. Dabei wirkt sie desinfizierend, schmerzstillend und entzündungshemmend, verhindert Eiterung und beschleunigt die Wundheilung. Besonders wertvoll ist sie bei Quetschungen, Riss- und Schürfwunden, Wunden mit Gewebsverlust, Verbrennungen und schlecht heilenden Wunden.

Die Wunde wird mit verdünnter Ringelblumentinktur (Zubereitung einer Tinktur siehe Seite 154) ausgewaschen (2 bis 4 ml Tinktur auf 5 dl Wasser). Dem Tier wird gleichzeitig eine Blüte pro Tag gefüttert. Sind keine Blüten vorrätig, können dem Trinkwasser 2 bis 3 Tropfen Ringelblumentinktur oder homöopathisches Calendula zugefügt werden. Die Wunde wird täglich mit etwas Ringelblumensalbe (siehe Kasten) bestrichen bis zur vollständigen Heilung (dazu jedes Mal ein frisches Wattestäbchen benutzen).

Als Inhaltsstoffe findet man ätherische Öle, Karotinoide, Flavonoide, Kumarin, Salicylsäure, Triterpensaponine, Phenole und Bitterstoffe. Die Ringelblume steigert die Aktivität des Immunsystems und regt den Lymphfluss und damit die Entgiftung an. Stauungen im Lymphsystem werden aufgelöst. Gleichzeitig hemmt sie Viren, Bakterien und Pilze und eignet sich damit als Zusatzbehandlung bei Infektionen. Man sagt ihr auch eine tumorhemmende und tumorvorbeugende Wirkung nach. Bei Fruchtbarkeitsstörungen, die oft auf Gebärmutterveränderungen oder chronische Entzündungen zurückgehen, kann das regelmäßige Zufüttern von Ringelblumenblüten die Fruchtbarkeit dank der wundheilenden und östrogenartigen Wirkung zurückbringen.

INFO

Ringelblumensalbe selbst herstellen

Zur Herstellung einer Ringelblumensalbe wird Kokosfett erwärmt und mit so vielen frischen Ringelblumenblüten vermischt, dass diese noch vom flüssigen Fett bedeckt sind. Längere Zeit sanft erwärmen, damit das Wasser aus den Blüten verdampft. Über Nacht abkühlen lassen und am nächsten Tag nochmals sanft erhitzen. Die Blüten sollen aber nicht frittiert werden!

Für eine stärkere Salbe wird das Ganze mit frischen Blüten ein- bis zweimal wiederholt. Anschließend die Flüssigkeit durch ein Sieb in einen sauberen Salbentopf gießen und verschließen. Die Salbe ist mindestens ein Jahr haltbar. Sie kann bei Bedarf auch aus getrockneten Blüten hergestellt werden.

Rose für gesunde Augen

Rosa spec.

Die Rose ist die unbestrittene Königin der Blumen, Symbol für Schönheit und Liebe. Sie ist jedoch nicht nur schön, sondern auch nützlich: Die duftenden Blüten laden zu kulinarischen Experimenten ein und stecken voller Heilkraft – wenn sie nicht mit Pflanzenschutzmitteln behandelt wurden! Wer bei Blattlausbefall die Ruhe bewahrt, wird bald erfreut feststellen, dass Nützlinge wie Marienkäfer, Ohrwürmer und Florfliegen sich des Problems annehmen und die Pflanzen von ihren lästigen Mitbewohnern befreien.

Die Rose ist eine sanfte Heilpflanze, die sich ausgezeichnet für die Behandlung von Jungtieren eignet. Grüne Rosenblätter wirken ausgleichend auf den Darm; sie stoppen leichten Durchfall und wirken mild abführend bei Verstopfung. Um Züchterhand und Kaninchenmaul zu schonen, wählt man zum Verfüttern junge wenig bestachelte Zweige.
In den Blättern finden sich Gerbstoffe, Fette, Gallussäure und Glykoside.
Wirksamer sind jedoch die Blüten. Sie enthalten zusätzlich Farbstoffe (vor allem Anthocyane) und ätherische Öle, die für den wundervollen Duft verantwortlich sind. Der Rosenduft setzt sich chemisch aus rund 400 Einzelsubstanzen zusammen!

Rosenblüten wirken beruhigend, entzündungshemmend, wundheilend und herzstärkend. Sie sind gut geeignet, um verklebte Augenlider der Jungtiere zu öffnen. Das ätherische Öl wirkt dabei keimtötend und beruhigt die empfindliche Haut um die Augen. Im Alter von 10 bis 14 Tagen beginnen sich die Lidspalten der jungen Kaninchen zu öffnen. Ist das nicht der Fall, müssen den Tierchen die Augen sanft ausgewaschen werden, denn es besteht die Gefahr des Erblindens, wenn die Lider längere Zeit nicht geöffnet werden können. Hierfür verwendet man einen Tee, der wie folgt zubereitet wird: 1 Esslöffel voll frischer oder getrockneter Blütenblätter werden mit 2 dl kochendem Wasser übergossen. Zwanzig Minuten zugedeckt ziehen lassen, abseihen und erst verwenden, wenn die Flüssigkeit abgekühlt ist. Mithilfe eines sauberen Läppchens werden die Lider mit diesem Rosen-Tee sanft betupft, bis sich die Lidspalten öffnen. Man sollte täglich kontrollieren, ob die Augen offen bleiben, und bei Bedarf die Behandlung wiederholen.

Auch eitrige und tränende Augen erwachsener Tiere können mit diesem milden und dennoch wirksamen Tee ausgewaschen werden. Duftende Rosen wirken dabei besser als geruchsarme, denn es ist das ätherische Öl, das für die Heilwirkung

Von Rosen werden Blätter, Blüten und Triebe gern geknabbert.

verantwortlich ist. Es lindert Reizungen, hemmt Viren, Bakterien und Pilze und regt die Zellneubildung an. Bei Wunden, Verletzungen und Verbrennungen bringen Umschläge oder Waschungen mit Rosen-Tee rasche Besserung.

Auch bei Kaninchensyphilis, einer Infektion durch das Bakterium *Treponema cuniculi*, kann man dem Tier rasche Erleichterung verschaffen, wenn die Hautveränderungen mit Rosenblüten-Tee behandelt werden. Auf eine Antibiotikabehandlung darf dabei aber nicht verzichtet werden!

TIPP FÜR ZWEIBEINER

Für den Vorrat sammelt man die Blüten frühmorgens, wenn ihr Duft am stärksten ist, zupft die Blütenblätter ab und lässt sie ausgebreitet im Schatten trocknen. Wer viele Duftrosen im Garten hat, kann frische Blütenblätter abwechselnd mit einer Lage Zucker in ein Glas einschichten. In kurzer Zeit entsteht ein duftender Sirup, der zur Bereitung von Sorbet, Rosenbowle oder raffinierten Fruchtdesserts dient.

Rosmarin stärkt Nerven, Herz und Kreislauf

Rosmarinus officinalis (Rosmarin)

Rosmarin ist im ganzen Mittelmeerraum beheimatet. Er wächst auf sandigen Plätzen, an felsigen Bergabhängen und auf Klippen. Sein Name stammt von Ros Marinus, das bedeutet „Tau des Meeres“. Die wasserblauen Blüten und die Vorliebe für küstennahe Standorte dürften ihm zu diesem Namen verholfen haben.

Rosmarin ist wärmebedürftig und mit den derben, nadelförmigen Blättern gut an trockene Standorte angepasst. Nördlich der Alpen sollte man Rosmarin sicherheitshalber als Kübelpflanze kultivieren, ist er doch nur in milden Weinbaugebieten winterhart. Es gibt allerdings neue Sorten, die mehr Kältetoleranz versprechen.

Das bekannte und beliebte Gewürz ist nicht nur kulinarisch vielseitig verwendbar, sondern weist auch eine ganze Bandbreite an Heilwirkungen auf, die unseren Langohren zugute kommen. Rosmarin ist als immergrüne Pflanze gerade im Winter ein

Da Rosmarin immergrün ist, kann er auch im Winter frisch als Heilpflanze verwendet werden.

wichtiger Helfer bei Gesundheitsstörungen. Hauptwirkstoffe sind ätherische Öle, daneben enthält Rosmarin darmstärkende Gerbstoffe, anregende Bitterstoffe und Rosmarinsäure mit virenhemmenden, bakterienhemmenden und entzündungslindernden Eigenschaften sowie Flavonoide, Saponin und Harz.

Rosmarin ist ein wunderbares Stärkungsmittel. Er regt den Kreislauf an, verbessert die Verdauung und schützt die Leber. Er wärmt, lindert in schwacher Dosierung Krämpfe und wirkt in etwas größeren Mengen belebend. Gerade auch ältere Tiere sprechen gut auf die regelmäßige Gabe von einigen Rosmarinnadeln im Futter an, denn diese fördern die Herzkraft, steigern den Blutdruck und regen den Appetit an. Er stärkt Sinnesorgane und Gehirn, hilft bei Gliederschwäche und vertieft die Atmung.

Bei Kaninchen, die an der Schiefhalskrankheit leiden (Torticollis oder auch Sternguckerkrankheit genannt), kann Rosmarin zusätzlich zur Behandlung mit dem Wurmmittel Fenbendazol verabreicht werden: Das erkrankte Kaninchen wird ruhiger und kommt dank der stärkenden Wirkung schneller wieder auf die Läufe.

Steht nur getrockneter Rosmarin zur Verfügung, bereitet man einen Tee zu: 1 Teelöffel Rosmarinnadeln in 3 dl Wasser aufkochen, 5 Minuten ziehen lassen und abseihen. Dem Tier zweimal täglich einige Milliliter noch warm mit der Spritze eingeben.

Da die ätherischen Öle auch Campher enthalten, darf es tragenden und säugenden Häsinnen nicht gegeben werden. Äußerlich vertreibt Rosmarin Flöhe: Hierfür 1 l Wasser mit der Schale einer ungespritzten Zitrone und zwei Esslöffel voll gehacktem Rosmarin aufkochen, abkühlen lassen, abseihen und das Kaninchen mit dieser Flüssigkeit einreiben. Diese Behandlung führt man natürlich nur an warmen Sommertagen durch, keinesfalls bei kalter Witterung!

TIPP FÜR ZWEIBEINER

Stärkenden Rosmarinwein setzt man an, indem man 20 g Rosmarinkraut mit einer Flasche gutem Weißwein übergießt und sieben Tage verschlossen bei Zimmertemperatur stehen lässt. Abseihen und täglich ein Gläschen voll genießen.

Salbei trocknet und stärkt

***Salvia officinalis* (Echter Salbei)**

Das bekannte Würz- und Teekraut mit den graufilzigen Blättern und dem aromatischen-herben Aroma stammt aus dem Mittelmeerraum, wo es am liebsten an sonnigen Kalkhängen wächst. Auch in unseren Gärten gedeiht Salbei gut, wenn man ihm ein sonniges Plätzchen mit durchlässigem Boden gibt.

Von einer Pflanze, deren Name „Heilerin" bedeutet (lateinisch salvare = heilen), erwartet man einiges – und der Salbei enttäuscht denn auch nicht. Er ist ein Kräftigungs- und Verdauungsmittel, hilft bei chronischer Atemwegsverschleimung und reinigt gleichzeitig die Nasennebenhöhlen.

Bei Kaninchenschnupfen ist er auf jeden Fall einen Versuch wert. Man verfüttert über ein bis zwei Wochen täglich ein Blatt oder gibt dem schnupfenden Langohr Salbei-Tee als Tränke: Hierfür 1 Teelöffel getrockneter Salbei mit 2 dl Wasser aufkochen und 10 Minuten zugedeckt ziehen lassen, abseihen und abkühlen lassen.

Vom Salbei werden die filzigen Blätter verwendet.

Salbei stärkt das Immunsystem und hilft Infektionen vorzubeugen. Er hemmt Viren, Bakterien und Pilze. Die keimhemmende Wirkung ist so stark, dass sich Diebe während den mittelalterlichen Pestzügen mit Salbeiessig eingerieben haben sollen, um Pesttoten ohne Ansteckungsgefahr Wertsachen zu stehlen. Bei drohender Seuchengefahr füttern wir unseren Schützlingen täglich ein Salbeiblatt. Salbei darf nicht überdosiert werden, sondern wird nur blättchenweise gegeben!

Salbei stärkt Nerven und Rückenmark, ist also bei Erregung, Lähmungen und Schwäche nützlich. Seine Östrogenwirkung kann Häsinnen, die nicht trächtig werden, zu Nachwuchs verhelfen (Östrogen ist ein wichtiges weibliches Hormon). Dazu gibt man kurmäßig drei Wochen lang der Häsin jeden 2. Tag ein Blatt Salbei zu fressen. Während der Trächtigkeit sollte Salbei wegen der gebärmutteranregenden Wirkung nicht mehr gegeben werden! Bei Scheinträchtigkeit jedoch kann er die hormonelle Verwirrung lösen (täglich 1 Blatt etwa eine Woche lang).

Wirksame Inhaltsstoffe sind ätherische Öle mit Thujon, Gerbstoffe, Bitterstoffe, Karotinoide, Saponine, Flavonoide und Eisen. Salbei gilt als trocknend: Er vermindert nicht nur die Schleimproduktion bei Atemwegserkrankungen, sondern auch die Milch bei laktierenden Häsinnen. Salbei ist also nicht für säugende Mutterhäsinnen geeignet! Bei einer Häsin jedoch, der die Jungen gestorben sind, ist Salbei hilfreich, um die Milch zum Versiegen zu bringen und Komplikationen wie Milchstau zu verhindern.

Es gibt Hinweise, dass die austrocknende Wirkung von Salbei auch vor der Spermaproduktion nicht haltmacht; aus diesem Grund sollte man einem Rammler in der Decksaison besser nicht zu viel Salbei geben.

Für ältere Tiere bildet ein Salbeiblatt ein- bis zweimal wöchentlich eine wertvolle Stärkung fürs Herz und gibt dem Tier ein bisschen jugendliches Feuer zurück.

TIPP FÜR ZWEIBEINER

Von all diesen guten Wirkungen möchte der Kaninchenzüchter natürlich auch ein bisschen profitieren: Am angenehmsten ist die Einnahme von Salbei als Wein. Hierfür eine Handvoll Salbeiblätter mit 7 dl eher süßem Wein übergießen, zehn Tage stehen lassen, filtrieren und täglich 3 Esslöffel davon einnehmen. Salbei stärkt übrigens auch das Gedächtnis, wie eine kürzlich durchgeführte Studie ergab und damit die Aussagen alter Kräuterbücher bestätigte.

INFO

Milchstau sanft lösen

Hungrige Nestlinge sind ein Alarmzeichen und können auf einen Milchstau hinweisen. Blockierte oder verstopfte Milchgänge führen zu schmerzhaften Verhärtungen im Drüsengewebe. Das schmerzt die Häsin so stark, dass sie bei Berührung die Jungen abwehrt und schließlich das Nest nicht mehr aufsucht. Die gestaute Milch ist in Form harter Knoten gut zu ertasten. Ein Milchstau ist nicht dasselbe wie eine Mastitis (Brustdrüsenentzündung). Letztere ist eine bakterielle Infektion des Drüsengewebes, die Häsin wirkt krank, hat Fieber. Mastitis ist ein Fall für den Tierarzt, doch Milchstau können wir ganz einfach selbst behandeln. Die sanfteste und schmerzfreiste Methode ist Farblicht-Behandlung. Es gibt spezielle Lampen zur Farb-Akupunktur, aber eine billige Militärtaschenlampe, bei der eine grüne oder rote Folie vor den Reflektor geschoben werden kann, tut es hier auch. Bei Milchstau hat sich rotes Licht bewährt. Die Häsin wird auf den Rücken gedreht und ruhig im Arm gehalten. Die verhärteten Knoten werden nun mit dem roten Licht bestrahlt. Nach etwa ein bis zwei Minuten streicht man mehrmals sanft über die Verhärtung Richtung zugehöriger Zitze. Oft beginnt die Milch bereits etwas zu fließen. Man wechselt weiter ab mit Bestrahlungen und mit sanftem Ausstreichen. Es ist erstaunlich, mit welcher Leichtigkeit die gestaute Milch nach kurzer Zeit richtiggehend heraussprudelt! Sind die Verhärtungen alle aufgelöst, setzt man die Häsin wieder in den Stall. Ihre Schmerzen sind weg und sie wird wieder bereitwillig zum Säugen das Nest aufsuchen.

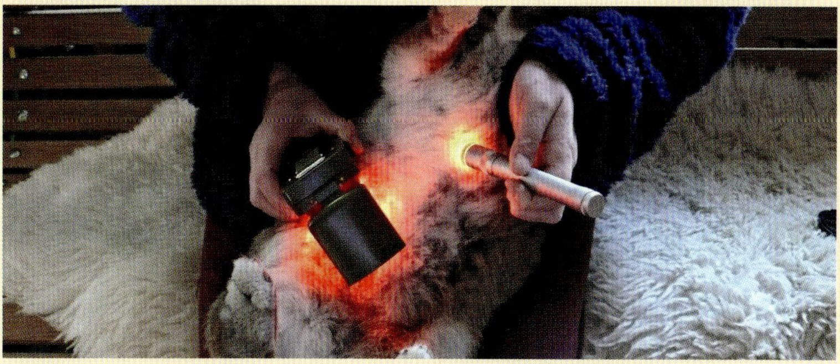

Für die Farblicht-Behandlung gibt es spezielle Lampen (rechts oben), aber es eignen sich auch einfache Taschenlampen mit rotem Filter (links unten) – bitte keine Wärmelampen mit Rotlicht verwenden!

Schafgarbe – Heilpflanze mit Breitbandwirkung

VORSICHT!

Achillea millefolium (Wiesen-Schafgarbe)

Die Schafgarbe gehört zu den pflanzlichen „Allheilmitteln“, den Helfern in fast jeder Lebenslage. Einige ihrer volkstümlichen Namen zeugen von der großen Achtung, die ihr früher entgegengebracht wurde: Allheil, Neunkraft, Gotteshand, Heil-aller-Schäden.
Blütenreste in einem 60.000 Jahre alten iranischen Grab belegen, dass das Wissen um ihre Kräfte uralt ist. Der heute gebräuchliche Name geht auf die Beobachtung zurück, dass Schafe sie bei Unwohlsein suchen und fressen.

Unsere Kaninchen dagegen sind auf den aufmerksamen Züchter angewiesen, der ihnen bei Bedarf die passenden Kräuter reicht. Schafgarbe passt dabei fast immer. Als aromatisches Bittermittel regt sie den Appetit an und fördert die Verdauungstätigkeit, sie wirkt entzündungshemmend, stoppt Durchfall, beseitigt Blähungen und lindert Kolikschmerzen. Sie regt die Blutbildung an und gilt als allgemeines Stärkungsmittel.

Schafgarbe ist für Kaninchen „Aperitif“ und „Verdauungsschnaps“ in einem.

Schafgarbe ist eine wichtige Heilpflanze zur Gesunderhaltung des heiklen Verdauungstrakts der Kaninchen. Am besten verfüttert man sie regelmäßig zur Vorbeugung oder aber gleich beim kleinsten Anzeichen von Unwohlsein.
Bei Infektionen stärkt Schafgarbe die körperliche Abwehr und wirkt gleichzeitig als pflanzliches Antibiotikum. Als Hauptwirkstoff gelten die ätherischen Öle. Einen Anteil von 0,5 % nimmt in den Blüten dieses blaugrüne, süßlich riechende Öl ein, das dem ätherischen Kamillenöl ähnlich ist. Allerdings enthält Schafgarbenöl auch die gebärmutteranregenden Bestandteile Campher und Thujon; aus diesem Grund sollte Schafgarbe nicht in größeren Mengen an trächtige Häsinnen verfüttert werden.
Weitere Inhaltsstoffe sind Harz, Gerbstoffe, Flavonoide, organische Säuren, Bitterstoff und Kumarin. Der hohe Kaliumgehalt regt die Nierentätigkeit an, ohne zu reizen, und spült die Harnwege durch.

Bekannt ist die Schafgarbe auch für ihre blutstillende Wirkung: Blutungen in Nase, Lungen, Gebärmutter, Blase oder Darm werden mit kleinen Gaben von Schafgarbe gestoppt. Verletzungen versorgt man mit einem Umschlag aus Schafgarben-Tee, der die Blutung stoppt und Infektionen verhindert. Für die Teezubereitung überbrüht man 1 Teelöffel frischer oder getrockneter Schafgarbe mit 2 dl kochendem Wasser. Zugedeckt 5 bis 10 Minuten ziehen lassen, dann abseihen. Wunde Zitzen mit Tee gewaschen, lässt die schmerzhafte Entzündung rasch abklingen.

Wer die Heilpflanze in seiner Heuwiese hat, kann sich glücklich schätzen. Andernfalls sammelt man sie in freier Natur und trocknet sich einen Vorrat davon. An sonnigen, eher trockenen Stellen im Garten lässt sie sich gut ansiedeln. In Gärtnereien findet man farbige Gartensorten der Schafgarbe, die zwar dekorativ, aber als Heilpflanzen ungeeignet sind!

TIPP FÜR ZWEIBEINER

Für die Verwendung bei Erkältungen und Magenbeschwerden bereitet man auf einfache Weise einen feinen Schafgarbenlikör zu: Man füllt ein Einmachglas mit Schafgarbenblüten, überdeckt sie mit 30%igem Alkohol und stellt das Glas zwei Wochen lang verschlossen in die Sonne. Die Flüssigkeit abfiltrieren und mit Zucker süßen. Davon morgens und abends je einen Esslöffel voll mit etwas Wasser verdünnt einnehmen.

Schlüsselblume, der Schlüssel zum Wohlbefinden

Primula veris (Echte Schlüsselblume)

Obwohl jeder die Schlüsselblume kennt, kommt sie in der Natur immer seltener vor, daher sollte man auf ihre Erhaltung achten.

Die Echte Schlüsselblume gehört zu den bekanntesten Frühlingsblumen, ist aber vielerorts selten geworden. Man findet sie auf ungedüngten Wiesen und in lichten Wäldern. Ihre goldgelben Blütenblätter tragen fünf rote Flecken und sind wie der blassgrüne, aufgeblasene Kelch ein gutes Erkennungsmerkmal. Die Blüten verströmen einen süßen Duft, der ihrer schwefelgelb blühenden Schwester, der **Hohen Schlüsselblume** (*Primula elatior*), fehlt. Blütenfarbe und die Form des Kelches machen eine Unterscheidung leicht.

Beide Arten sind Heilpflanzen, verwendet werden Blüten, Blätter und Wurzeln. Letztere sollten aber zur Schonung der Bestände keinesfalls der Natur entnommen werden! Wer ein passendes Plätzchen im Garten hat, siedelt das hübsche Pflänzchen am besten dort an. Damit hilft man der Natur und hat die Heilpflanze bei Bedarf gleich vor der Tür.

Unter Langohren gilt die Schlüsselblume als Delikatesse. Reicht man sie ihnen als erstes Grünfutter nach dem Winter, knüpft man damit an eine alte Tradition an: Die Schlüsselblume als erste Heilpflanze nach dem Winter eingenommen, soll den Körper für die Kräfte anderer Heilpflanzen aufschließen. Doch der Himmelsschlüssel oder die Arzneiblume, wie sie auch genannt wird, macht nicht nur für andere Kräuter empfänglich, sondern besitzt ihre eigenen starken Heilwirkungen. Als Inhaltsstoffe findet man verschiedene Flavonoide, Karotinoide, Phenolglykoside, Saponine, ätherische Öle, Vitamin C und Mineralsalze, vor allem viel Magnesium.

Die Schlüsselblume ist nervenstärkend und ein mildes Beruhigungs- und Schmerzmittel. Aufgeregten und nervösen Kaninchen gibt sie wieder Boden unter den Läufen, verletzten Tieren lindert sie die Schmerzen. Sie beruhigt und verhilft zu einem erholsamen Schlaf. Passend zur Frühlingszeit beruhigt die Schlüsselblume nervöse Häsinnen und lässt sie die Mutterrolle gelassen angehen.

Nervenschwäche mit Gliederzittern kann bei alten Tieren auftreten, aber auch nach einer überstandenen Schiefhalserkrankung (*Encephalitozoon cuniculi*) oder nach einem Sturz zurückbleiben. Indem es die Nerven beruhigt, verhilft das kleine Blümchen wieder zu mehr Stabilität. Es stärkt zudem das Herz und regt die Nierentätigkeit an. Es kann in Absprache mit dem Tierarzt bei Nierenbeckenentzündung und Blasenproblemen eingesetzt werden. Die Saponine wirken auswurffördernd bei Erkältungen und Schnupfen.

In Gärten und Blumenabteilungen wird der Frühling farbenfroh mit der **Gartenprimel** (*Primula vulgaris*) eingeläutet. Auch sie ist eine Heilpflanze, hilft sie doch dem Körper, überschüssige Säure auszuleiten. Ihre Blüten und Blätter sind aus diesem Grund nach einem langen Winter eine willkommene und stärkende Nahrung für die Langohren. Wie auch die Schlüsselblume wirkt sie gegen Verstopfung und bringt bei Kaninchen mit zu kleinen Kötteln die Verdauung wieder in Schuss. Frisch gekaufte Gartenprimeln dürfen wegen eventuell vorhandenen Spritzmittelresten natürlich nicht gleich verfüttert werden. Besser man pflanzt sie im Garten aus und verwendet die Blätter erst nach ein paar Wochen.

TIPP FÜR ZWEIBEINER

Schlüsselblumenwein macht auch dem Kaninchenzüchter Freude: 30 g Schlüsselblumenblüten mit 1 l trockenem Rotwein übergießen und zehn Tage stehen lassen. Abseihen, in dunkle Flaschen abfüllen und im Keller lagern. Ein Gläschen täglich stärkt das Herz, reinigt die Nieren und hilft gegen Gicht.

Sonnenblume für strahlende Gesundheit

Helianthus annuus (Gewöhnliche Sonnenblume)

Sonnenblumen sind in unseren Gärten ein vertrautes und heimeliges Bild. Kaum zu glauben, dass die „alteingesessene" Blume erst vor 500 Jahren nach Europa kam. In ihrer amerikanischen Heimat galt sie den Indianern als heilig und wurde von ihnen seit rund 8000 Jahren als Heilpflanze und Nahrung genutzt.

Auch im Kaninchengarten verdient sie jedes Jahr ein Plätzchen: Sie ist für uns eine Augenweide, für unsere Schützlinge ein Leckerbissen und dem Garten verhilft sie zu gesundem Boden. Sie hat die Fähigkeit, schwermetallverseuchte Böden zu entgiften. Allerdings müssten die Pflanzen danach als Sondermüll entsorgt werden.

Solche Problemböden haben wir ja hoffentlich nicht, weshalb wir unseren Kaninchen ab und zu eine Sonnenblumenmahlzeit aus Blättern, markhaltigen Stängeln und sogar ganzen Blüten reichen können.

INFO

Einzeller bekämpfen

Malariaerreger gehören wie „unsere" Kokzidien und der Erreger der wenig bekannten, aber verbreiteten Schiefhalskrankheit bei Kaninchen (Enzephalitozoon cuniculi) zu den Sporentierchen. Dies sind schmarotzende Einzeller, die einen komplizierten Lebenszyklus mit abwechselnd geschlechtlicher und ungeschlechtlicher Vermehrung durchlaufen. Heilpflanzen, die gegen Malaria gebraucht werden, sind oft wertvolle Vorbeuge- und Unterstützungsmittel auch bei diesen zwei Kaninchenkrankheiten.

Ist die Krankheit bereits ausgebrochen, muss zusätzlich auf ein spezifisches Mittel zurückgegriffen werden: Sulka N oder Baycox bei Kokzidien bzw. das Wurmmittel Fenbendazol bei der Schiefhalskrankheit. Diese äußert sich durch Kopfverdrehung und gestörten Gleichgewichtssinn; das Tier ist desorientiert, die Hinterläufe können gelähmt sein. Sonnenblume verbessert hier die Koordination zwischen Zentralnervensystem und Muskeln. Hilfreich ist auch das Johanniskraut (siehe Seite 75). Trotz der dramatischen Symptome besteht gute Aussicht auf Heilung.

Das Stängelmark hilft bei blutigem oder milchigem Urin mit Harngrieß, das sind winzig kleine Blasensteine. Die Blüten sind reich an gesundheitsfördernden Flavonoiden. Sie stärken wie die herzförmigen grünen Blätter das vegetative Nervensystem und verhelfen damit indirekt auch zu einer guten Verdauung. Die gelb bis rotbraun gefärbten Blütenblätter (die botanisch gesehen Zungenblüten sind) enthalten fiebersenkende Wirkstoffe. Vermischt man sie in einem Einmachglas mit 70%igem Trinkalkohol (aus der Apotheke), erhält man nach einigen Tagen eine goldgelbe Tinktur, die als Fiebermittel bei Infektionskrankheiten und Malaria wirkt.

Die Sonnenblume ist nicht nur eine Augenweide, sondern auch ein Leckerbissen für Kaninchen.

Das ganze Jahr hindurch stehen uns die Sonnenblumenkerne zur Verfügung. Mit ihrem Gehalt an Vitamin A, D und E und vielen Mineralstoffen (Kalzium, Eisen, Phosphor, Jod, Magnesium) steigern sie die Fruchtbarkeit, regen den Milchfluss säugender Häsinnen an und stärken Herz und Kreislauf. Ein paar Sonnenblumenkerne täglich übers Futter gestreut verhelfen zu einem gesunden, glänzenden Fell. Aber Vorsicht: Sie sind sehr kalorienreich und könnten im Übermaß gereicht Langohrs Figur ruinieren!

TIPP FÜR ZWEIBEINER

Uns Menschen hilft schließlich die entgiftende Kraft der Sonnenblume beim sogenannten Ölziehen: 1 Esslöffel Sonnenblumenöl wird während mehrerer Minuten im Mund hin und her bewegt und zwischen den Zähnen durchgezogen. Anschließend ausspucken und den Mund mit Wasser spülen. Das soll Giftstoffe entziehen, zu gesundem Zahnfleisch und zu sichtlich weißeren Zähnen verhelfen.

Spitzwegerich – Balsam für die Lunge

Plantago lanceolata (Spitzwegerich)

Der zierliche Spitzwegerich bevorzugt wenig gedüngte Wiesen und Rasen. Dort streckt er seine schmalen Blätter mit den stark ausgeprägten Blattadern der Sonne entgegen. Trotz seines unscheinbaren Aussehens gehört er zu unseren wertvollsten Heilkräutern und ist bei Kaninchen heiß begehrt.

Seine wichtigsten Wirkstoffe sind Schleimstoffe, Gerbstoffe, Aucubin (ein antibiotisch wirkendes Glykosid), Mineralstoffe, darunter namhafte Mengen an Zink, Kieselsäure und Schwefel. Das frische Kraut und der Presssaft haben eine hemmende Wirkung auf bakterielle Krankheitserreger wie Staphylokokken, Streptokokken, Meningokokken und Salmonellen. Getrocknet oder erhitzt verliert sich seine antibiotische Wirkung.

Spitzwegerich ist Balsam für Lungen und Bronchien. Seine verschiedenen Wirkstoffe spielen wunderbar zusammen: Die Schleimstoffe legen sich schützend auf die Schleimhaut der Atemwege, die Entzündung kann darunter abheilen. Gleichzeitig festigt die Kieselsäure das Lungengewebe und die antibakteriellen Stoffe bekämpfen die Krankheitserreger. Die Gerbstoffe stoppen die übermäßige Sekretion und entziehen so den Bakterien den Nährboden. Darüber hinaus regt Spitzwegerich den Appetit an. Auch dies ist ein wichtiger Aspekt einer Behandlung, denn die Verdauung bleibt nur in Schwung, wenn das Tier regelmäßig frisst. Diese Mehrfachwirkung auf verschiedenen Ebenen macht den Spitzwegerich als Heilpflanze so wertvoll.

Erkrankungen der Atemwege sind bei Kaninchen leider oft ernster Natur und neigen zu chronischem Verlauf. Der ansteckende Kaninchenschnupfen ist zu Recht gefürchtet, da auch intensive Behandlung mit Antibiotika meist zu keiner dauerhaften

ACHTUNG!

In staubigem Heu und Stroh sind oft Schimmelpilze vorhanden, die mit ihren Giftstoffen zu schweren Erkrankungen und Organschäden führen können. Muffig riechendes Heu muss aus diesem Grund unbedingt aussortiert werden.

Heilung führt. Hier ist vorbeugen wirklich viel einfacher als heilen! Es lohnt sich also, Spitzwegerich zur Kräftigung der Atemwege und Schleimhäute immer wieder einmal in den Fütterungsplan einzubauen und zugekaufte Tiere konsequent drei bis vier Wochen in Quarantäne zu halten.
Neben dem seuchenartigen, oft tödlich verlaufenden Schnupfen gibt es auch harmlosere Schnupfenformen, die auf staubiges Heu, ungeeignete Einstreu oder überheizte Wohnräume zurückgehen. Hier darf man getrost auf die Heilkraft des Spitzwegerichs vertrauen und den Schnupfnasen während einiger Tage jeweils eine kleine Handvoll frisch gepflückter Blätter anbieten.

Außer seiner Wirkung auf die Atemwege hilft Spitzwegerich auch bei Verletzungen: Ein Umschlag mit gequetschten Wegerichblättern beschleunigt die Narbenbildung und die Wundheilung.

Der genügsame Spitzwegerich siedelt sich schnell im Rasenbereich von Gärten an.

TIPP FÜR ZWEIBEINER

Unterwegs in der freien Natur kann Spitzwegerich auch für uns als Erste Hilfe bei Verletzungen und Insektenstichen dienen: Ein Blatt wird zerrieben und auf die Wunde aufgelegt, ein weiteres Blatt wird darüber als Fixierung verwendet.
Einen hervorragenden Hustensirup für Kinder und Erwachsene bereitet man zu, indem man zerkleinerte Wegerichblätter und Rohrzucker lagenweise in ein Glas einschichtet. Gut verschließen und zwei Monate in einem dunklen Keller lagern, bis sich der Zucker gelöst hat. Abseihen und kühl und dunkel lagern. Bei Husten teelöffelweise einnehmen.

Storchschnabel bringt Nachwuchs und hält ihn gesund

Geranium robertianum (Stinkender Storchschnabel)

Der Storchschnabel wächst in Wäldern und an Mauern und Zäunen, oft an wenig einladenden Stellen. Mit vollem Namen heißt er „Stinkender Storchschnabel“, eine Bezeichnung, die etwas allzu hart scheint für den zugegebenermaßen etwas herben Geruch. Doch das Pflänzchen trägt auch Namen, die Kräuterleute aufhorchen lassen: Ruprechtskraut, Rotlaufkraut oder Gottesgnad!
Seine Verwendung als Heilpflanze geht bis in die Zeit der Kelten zurück. Anfänglich in der Tierheilkunde bei Rotlauf, Blutungen und Mastitis eingesetzt, fand das Pflänzchen im Mittelalter auch den Weg in die Humanmedizin.

Kaninchenzüchter sollten sich mit der Pflanze vertraut machen, denn ein hoher Gerbstoffgehalt, Flavonoide, ätherische Öle, Harz und als Hauptwirkstoff ein Bitterstoff machen den Storchschnabel zu einer wertvollen Heilpflanze für Kaninchen. Darmentzündungen, die mit breiigem Kot einhergehen, werden vom Storchschnabel auf mehreren Ebenen bekämpft: Er stoppt den Durchfall, lindert die Entzündung und stärkt gleichzeitig die darmspezifische Immunabwehr. Darüber hinaus hemmt er Viren und Bakterien, regt den Appetit an und verbessert die Nährstoffaufnahme aus dem Verdauungsbrei. Das kranke Tier kommt dadurch schnell wieder zu Kräften.

Der Legende nach bringt zwar der Storch die Kinder, doch das Pflänzchen mit dem Storch im Namen steht ihm nicht nach. Noch ist unklar, wie die fruchtbarkeitsfördernde Wirkung zustande kommt, denn hormonähnliche Stoffe konnten bisher nicht gefunden werden. Eine mögliche Erklärung liegt in der reinigenden Wirkung: Storchschnabel regt Lymphe und Nieren an, was zu einer verstärkten Schadstoffausscheidung führt. Darüber hinaus erhöht er die Sauerstoffversorgung in den Zellen. Die gesamte Stoffwechsellage wird verbessert, was sich positiv auf die Fruchtbarkeit auswirkt.
Man füttert der Häsin während drei Wochen täglich eine kleine Menge des Krautes und bringt sie dann zum Rammler. Ist 31 Tage später ein Nest voll Jungtiere zu versorgen, wirkt Storchschnabel auch milchfördernd.

Als vortreffliches Wundkraut stillt die vielseitige Heilpflanze Blutungen und bringt Wunden, Ekzeme, Geschwüre und Eiterungen zum Abheilen. Sie eignet sich besonders auch als Zusatzfutter bei allen Hautproblemen. Bei Verletzungen wird dem Tier frisches Kraut verfüttert und zusätzlich die Wunde mit frischen Pflanzensaft oder einer starken Abkochung aus 3 Teelöffeln Kraut auf 1 dl Wasser bestrichen. Wurde ein Langohr von lästigen Zecken heimgesucht, beugt dieselbe Behandlung Komplikationen vor.

Storchschnabel hilft nicht nur bei körperlichen, sondern auch bei seelischen Verletzungen. Er ist stimmungsaufhellend und soll sogar Blockaden nach schlechten Erfahrungen lösen können. Mit allen diesen guten Eigenschaften verdient der kleine Bruder unserer schön blühenden Geranien mehr Wertschätzung und ein Plätzchen im Kaninchengarten.

Charakteristisch für den Storchschnabel sind seine zarten Blüten und der typische, intensive Geruch.

Thymian – aromatischer Duft mit großer Wirkung

***Thymus vulgaris* (Echter Thymian)**
***Thymus pulegioides* (Feldthymian)**

Der Echte Thymian (häufig wird Thymian auch als Quendel bezeichnet) stammt aus dem Mittelmeerraum und wird in unseren Breitengraden als bedingt winterharte Gartenpflanze kultiviert. Einheimisch ist bei uns der Feldthymian.
Inhaltsstoffe und Anwendung sind bei beiden vergleichbar: ätherische Öle (beim Echten Thymian mit Thymol und Carvacrol), Flavonoide, Gerbstoffe und Bitterstoffe. Die beiden Letzteren sind alte Bekannte, die wir schon öfter in der Kaninchen-Apotheke angetroffen haben und die darauf hinweisen, dass die betreffenden Pflanzen heilsam auf den Verdauungstrakt wirken.
Thymian hilft daher auch bei Magen- und Darmbeschwerden wie Durchfall, Blähungen und Entzündungen des Verdauungstrakts. Seine Inhaltsstoffe steigern die Fresslust und vertreiben Haken- und Rundwürmer. Frische Zweige verfüttert man als kleine Leckerbissen, getrockneten Thymian, wie man ihn in der Drogerie kaufen kann, streut man prisenweise übers Futter oder verabreicht ihn als Tee.

Der Echte Thymian wird bei uns häufig als Gartenpflanze kultiviert.

Das zweite Hauptanwendungsgebiet von Thymian sind Infektionen der Luftwege, Lungenentzündung und Entzündungen der Nasennebenhöhlen. Seine ätherischen Öle lösen den Schleim und erleichtern das Ausscheiden. Auch bei Pilzerkrankungen der Lunge ist das Kräutlein hilfreich. Pilze treten nach einem feuchten Sommer häufig in Stroh und Futtergetreide auf. Werden Pilzsporen von den Kaninchen eingeatmet oder beim Fressen aufgenommen, kann dies zu schweren Gesundheitsstörungen führen. Muffig riechendes Heu oder Stroh dürfen aus diesem Grund keinesfalls mehr verwendet werden. Thymian wirkt pilztötend und stärkt darüber hinaus das Immunsystem, sodass der Organismus besser mit unerwünschten Eindringlingen aller Art fertig wird.

Bei Erkrankungen der Luftwege kann das reine ätherische Thymianöl zusätzlich als Inhalationskur verwendet werden: Hierfür ein paar Tropfen davon an die Holzwände des Stalles spritzen, sodass der Duft die Stallluft erfüllt. Nicht übertreiben mit dieser Behandlung! Einmal täglich zwei Spritzer an die Wände genügen. Niemals dürfen ätherische Öle innerlich verabreicht werden, Vergiftungen könnten die Folge sein! Nur natürliche ätherische Öle dürfen zur Inhalation verwendet wird; diese werden durch Destillation aus der Pflanze gewonnen. Keinesfalls einfaches synthetisches Duftöl verwenden!

Auch gesunde Tiere profitieren von den guten Wirkungen des Heilpflänzchens: Mit regelmäßigen Thymiangaben kann der Züchter seine wertvollen Zucht- und Ausstellungstiere im Winterhalbjahr stärken. Dazu wird ein- bis zweimal pro Woche Thymian-Tee zum Trinken angeboten: Hierfür 1 Esslöffel Thymian mit 1 l kochendem Wasser übergießen und zugedeckt 10 Minuten ziehen lassen, anschließend abseihen und abkühlen.
Als „Nebenwirkung“ regt Thymian den Geschlechtstrieb an, sodass frühe Würfe problemloser möglich sind. In der Trächtigkeit darf Thymian nur in kleinen Mengen gegeben werden, da er die Gebärmutter anregt und so geburtsauslösend wirken kann.

INFO

Andere Thymian-Sorten

Zitronenthymian und Sorten mit bunten Blättern können ebenfalls verfüttert werden, ihre Wirkung beschränkt sich aufgrund der völlig anderen Zusammensetzung der ätherischen Öle jedoch vorwiegend auf das Verdauungssystem.

Tradeskantie bringt die Fresslust zurück

Tradescantia fluminensis, früher: *albiflora* (Rio-Dreimasterblume)

Eine altgediente Zimmerpflanze, die bereits die Wohnung unserer Großeltern zierte, wird immer wieder als Geheimtipp unter Kaninchenzüchtern gehandelt: die Tradeskantie, auch Dreimasterblume oder Wasserhexe genannt. Es handelt sich dabei um eine hübsche und schnell wachsende Ampelpflanze, deren herabhängende Triebe dem Wohnzimmer einen Hauch von Urwald verleihen.

Dank ihres üppigen und schnellen Wachstums nimmt sie es dem Kaninchenzüchter nicht weiter übel, wenn er öfter mal ein Stück abschneidet, um damit einen unpässlichen Schützling zu behandeln. Sie ist ein gutes Mittel, um Kaninchen, die das Futter verweigern, wieder an den Fressnapf zurückzubringen, auch nach Ausstellungen, wenn die Tiere Mühe mit der Umstellung bekunden.

Die Tradeskantie ist leicht zu kultivieren und fühlt sich das ganze Jahr über in der Wohnung am wohlsten.

Die Kaninchenzüchter sind jedoch nicht die einzigen, die um die Heilwirkungen von Tradeskantie wissen. In ihrem Ursprungsgebiet Mittelamerika und im Süden von Nordamerika gehören mehrere Tradeskantien-Arten zum Kräuterschatz der Urbevölkerung. Verschiedene Indianerstämme benutzen die Pflanze bei Verstopfung, Magenschmerzen und als Verdauungshilfe nach üppigen Festmahlzeiten. Gequetschte Blätter werden auf Insektenstiche und auf Bisse giftiger Spinnen aufgelegt; davon stammt der englische Name Spiderwort, der „Spinnenheilkraut" bedeutet.

Unsere Langohren profitieren ebenfalls von der Pflanze als Verdauungshilfe: Bei Appetitlosigkeit, Verstopfung und Magenüberladung reicht man ein etwa 20 cm langes Stück, das von den Patienten meist gern gefressen wird. Eine Besserung tritt im Allgemeinen rasch ein. Unterstützend wirkt in diesen Fällen zusätzliche Bewegung im Freilauf oder eine sanfte Bauchmassage. Dank ihrer harntreibenden Eigenschaften hilft Tradeskantie auch bei Entzündungen der Harnwege und bei Harngrieß.

Die Pflanze lässt sich sehr einfach durch Stecklinge vermehren: Ein Sprossstück wird ins Wasser gestellt, wo es innerhalb weniger Tage Wurzeln bildet. Es ist auch möglich, den Steckling direkt in Blumenerde zu stecken, dabei sollte er immer leicht feucht gehalten werden. Das Austreiben neuer Blättchen zeigt die erfolgte Bewurzelung an. Die Pflanze stammt aus tropischen Gegenden und fühlt sich ganzjährig in der Wohnung am wohlsten.

INFO

Schadstoffanzeiger

Die Tradeskantie hat in neuerer Zeit das Interesse der Wissenschaft geweckt, denn sie reagiert äußerst empfindlich auf chemische Schadstoffe und auf Radioaktivität. Das Erstaunliche dabei ist, dass sie deutlich anzeigt, wenn sie mit diesen Stoffen in Berührung gekommen ist. Die Staubfäden in den Blüten färben sich dabei von blau (gesund) nach pink (Gifteinwirkung) um. Die Schadstoffe verursachen in der sensiblen Pflanze Mutationen; diese bewirken dann den auffälligen Farbwechsel. Die Stärke des Farbumschlages ist gekoppelt mit dem Ausmaß der Umweltverunreinigung. Dadurch können Tradeskantien als billige, aber präzise und verlässliche „Analysengeräte" für Umweltschadstoffe benutzt werden, die darüber hinaus ohne Strom funktionieren.

Wacholder weckt die Lebensgeister

Juniperus communis (Heide-Wacholder)

VORSICHT!

Vielen Kaninchenzüchtern dürften die dunklen Wacholderbeeren vertraut sein, sind sie doch oft dem Kombifutter beigemischt. Wacholder ist ein einheimisches Nadelgehölz, das meist als Strauch, seltener als Baum auf mageren Böden in Heide und Moor wächst. Im Nebel oder fahlen Mondlicht ähnelt eine Gruppe Wacholderbüsche buckligen unheimlichen Gestalten und beflügelt so die Fantasie der Wanderer. Kein Wunder also, dass Wacholder öfter in Sagen und Märchen auftaucht.
Einer seiner vielen volkstümlichen Namen lautet Weckholder, das bedeutet „Wachhalter“ im Sinne von „am Leben-Erhalter“, was auf große Heilkräfte hindeutet. Auch die Verhaltensregel „Vor dem Holunder zieh den Hut, vor dem Wacholder geh in die Knie!“ zeugt von hohem Ansehen: Wacholder galt als heilige Pflanze und als Symbol des Lebens.

An Wirkstoffen enthält er ätherische Öle, Gerbstoffe, Flavonoide, Wachs, Harz, Gummi, organische Säuren und zusätzlich in den Früchten, die botanisch Zapfen sind, rund 30 % Zucker. Die Beeren gelten als eigentliche Muntermacher. Sie wärmen und reinigen Magen und Darm und regen die Darmperistaltik an, also die Darmbewegung, die den Nahrungsbrei vorwärtsschiebt. Die Schleimhäute des Verdauungstrakts und der Atemwege werden besser durchblutet, was den Stoffwechsel in diesen Organen anregt. Krämpfe im Verdauungstrakt werden gelindert und Blähungen abgebaut.
Wacholder hilft bei Infektionen der Atemwege und des Magen-Darm-Trakts und wirkt darüber hinaus wurmtreibend. Er regt die Nierentätigkeit stark an und spült so die Harnwege durch, was bei chronischen Entzündungen und Infektionen den Heilungsprozess fördert.

Einzig bei akuter Nierenentzündung sollte Wacholder nicht verabreicht werden, denn ein Großteil der ätherischen Öle wird über die Nieren ausgeschieden und könnte diese zusätzlich reizen. Trächtige Häsinnen sollte man wegen der gebärmutteranregenden Wirkung ebenfalls nicht mit Wacholder behandeln.
Während den mittelalterlichen Seuchenzügen wurde der Raum, in dem jemand gestorben war, mit Wacholderholz ausgeräuchert. Kaninchenställe können auf dieselbe Weise desinfiziert werden; das Tier wird für diese Zeit natürlich in einem anderen Stall untergebracht! Einige Wacholderzweige werden im Stall auf eine

Die Beeren des Wacholders gelten als Muntermacher und werden bei uns auch in der Küche verwendet.

feuerfeste Unterlage (z.B. ein kleines altes Kuchenblech) gelegt und das Ganze wird dann auf einen Backstein gestellt (das Blech wird unten heiß!). Der Wacholder wird angezündet und der Stall mit einer Decke verhängt, damit der Rauch nicht zu schnell abzieht und alle Ritzen erreichen kann. Die Zweige brennen zwar nicht lichterloh, dennoch muss die Räucherung sorgfältig überwacht werden! Den Rauch lässt man etwa eine bis zwei Stunden einwirken, danach gut lüften, bevor das Tier wieder zurück in den Stall gesetzt wird.
Weniger feuergefährlich ist das Auswaschen des Stalls mit heißem Wasser, dem man einige Spritzer echtes ätherisches Wacholderöl (aus der Drogerie) zugibt.

TIPP FÜR ZWEIBEINER

Hier noch ein Tipp für den Kaninchenzüchter im Winter: Das Kauen von Wacholderbeeren ist ein altbewährter Schutz in Grippezeiten und sorgt darüber hinaus für frischen Atem.

Wasserdost für ein starkes Immunsystem

VORSICHT!

Eupatorium cannabinum (Gewöhnlicher Wasserdost)

Wasserdost gehört zu den etwas weniger bekannten Pflanzen. Ihn kennenzulernen lohnt sich aber, denn er besitzt interessante und einzigartige Heilwirkungen. Man findet ihn verbreitet an feuchten Stellen in Wäldern, an Ufern und in Auenlandschaften; er gilt als Zeiger für Wasser nahe unter der Erdoberfläche.

Wie der Name vermuten lässt, liebt der Wasserdost feuchte Standorte.

Wasserdost macht sich auch im Garten gut: An einem feuchten Standort ist er eine attraktive Erscheinung und Nahrungspflanze für verschiedene Schmetterlingsraupen. Andere Namen des 50 bis 150 cm hohen Korbblütlers sind Kunigundenkraut, Wasserhanf, Hirschklee oder Hirschwundkraut.

Was der Hirsch zu seiner Gesundung sucht, kann auch unseren Kaninchen nur gut tun: Wasserdost regt das Immunsystem an und kann bei Erkältungen und allen Infektionen eingesetzt werden. Er ähnelt in seiner Wirkung dem bekannten Sonnenhut (*Echinacea*), wächst aber wild und oft sehr üppig. Man sammelt die blühende Pflanze und verfüttert davon kleine Portionen. Für den Vorrat wird er büschelweise zum Trocknen aufgehängt oder als Tinktur angesetzt: Hierfür ein Schraubglas mit klein geschnittenem Wasserdost füllen, mit 40- bis 50%igem Trinkalkohol auffüllen und nach drei bis vier Wochen filtrieren.
Tee aus Wasserdost wird kalt zubereitet, da das Anbrühen mit heißem Was-

ser wertvolle Wirkstoffe zerstören würde: 1 Teelöffel getrockneten Wasserdost in 2 dl kaltem Wasser ansetzen und über Nacht stehen lassen. Am Morgen kann dieser Kaltauszug leicht erwärmt verabreicht werden. Wasserdost sollte man nicht überdosieren: Für ein mittelgroßes Kaninchen reichen 20 ml Tee, 4 bis 6 Tropfen Tinktur oder zwei bis drei Blätter pro Tag!

Wichtig ist, dass „muderigen" Tieren sofort Wasserdost gegeben wird; er wirkt am besten bei beginnender Infektion und hemmt sowohl Viren als auch Bakterien. Sehr gut eignet er sich auch als vorbeugendes Mittel, also beispielsweise als „Leckerli" während Ausstellungen. Erkrankungen der Atemwege wie Schnupfen, Bronchitis oder Lungenentzündung sind bei Wasserdost in guten Händen, auch zusätzlich zu einer schulmedizinischen Behandlung. Nach überstandenen Krankheiten hilft er einem Tier schneller wieder auf die Beine.

Wer seine Tiere gegen RHD impfen lässt, um sie vor dieser tödlichen Krankheit zu schützen, aber manchmal unsicher ist, ob die Impfung nicht auch Nebenwirkungen haben könnte, ist mit Wasserdost ebenfalls gut beraten; er soll Impfschäden entgegenwirken. Am besten wird um den Impftermin herum eine Kur durchgeführt: Geben Sie dem Kaninchen täglich zwei Wasserdostblätter, beginnend drei bis vier Tage vor der Impfung, und fahren Sie noch eine Woche lang nach der Impfung damit fort.

Wasserdost regt Leber, Niere und Blase an, wirkt dadurch entgiftend und wassertreibend. Tragenden Häsinnen sollte kein Wasserdost verabreicht werden, denn er kann die Gebärmutter anregen.
Als Inhaltsstoffe kennt man Eupatorin, Bitterstoffe, Harz, Gerbstoffe, ätherische Öle, Inulin, Eisen, Vitamine. Allerdings ist noch nicht genau geklärt, worauf die immunstimulierende Wirkung beruht.

TIPP FÜR ZWEIBEINER

Wasserdost hilft auch dem Kaninchenzüchter, der einen Ausstellungserfolg etwas zu ausgiebig gefeiert hat: Wasserdost als Tee zubereitet vertreibt den „Kater".

Wegwarte und Radicchio bringen stockende Verdauung in Schwung

Cichorium intybus (Wegwarte)

Die Blüten strahlend himmelblau und zart durchscheinend, Stängel und Blätter rau und grob – die Wegwarte zeigt sich dem Betrachter recht zwiespältig. Die Kaninchen stehen mehr auf innere Werte; sie mögen die leicht bittere Pflanze sehr und fressen sie mit Stumpf und Stiel.
Wegwarte enthält Inulin, Gerbstoffe, Bitterstoffe, Mineralstoffe (vor allem Kalium) und Vitamine. Inulin, ein Speicherstoff, der auch in Löwenzahn und Topinambur vorkommt, dient den nützlichen Darmbakterien als Futter und verbessert auf diese Weise die Darmflora.

Wegwarte gilt mit der Kombination von Bitter- und Gerbstoffen als bitteres Stärkungsmittel, das bei Verstimmungen des Magen-Darm-Trakts sanft, aber nachhaltig wirkt. Speziell bewährt hat sich Wegwarte bei Verdauungsbeschwerden, die mit Stockung der Verdauungssäfte einhergehen: Leberschwäche, mangelnder Gallenfluss und Verstopfung. Sie bringt wieder frischen Schwung in die Verdauungsorgane, regt den Appetit an und wirkt dabei schwach abführend. Bei Kaninchen, die sehr wählerisch beim Fressen sind, nur ein paar besonders leckere Häppchen heraussuchen und den Rest nicht beachten, kann Wegwarte Wunder wirken. Bei allgemeiner Schwäche mit Appetitlosigkeit gibt man dem Tier Tee. Hierfür 1 Teelöffel Kraut oder Wurzel mit 2 dl kaltem Wasser aufkochen, 2 Minuten wallend kochen und abkühlen lassen. Nebst der Anregung von Leber und Verdauung verstärkt Wegwarte die Ausscheidung über die Harnwege. Das reinigt den Organismus und verbessert dadurch den Allgemeinzustand des Tieres. Das Fell erhält einen schönen Glanz und einen guten Griff. Wegwarte gilt sogar als haarwuchsfördernd.

Die wunderbar blaue Blüte ist ein Erkennungsmerkmal für die Wegwarte.

Radicchio, eine Kultursorte der Wegwarte, ist eine Delikatesse für Kaninchen.

Wegwarten bevorzugen einen eher trockenen und nährstoffreichen Standort; man findet sie häufig an Wegrändern, wie es ihr Name ja bereits verrät. Dank ihren tief greifenden Wurzeln verbessert sie den Boden und schließt Nährstoffe aus tieferen Bodenschichten auf. Keinesfalls sollte man sie an Bahndämmen, Autobahnen und anderen schadstoffbelasteten Standorten sammeln!
Sie lässt sich bei Bedarf problemlos im Garten ansiedeln. Früher war sie als Lieferantin von Zichorienwurzelkaffee eine verbreitete Gartenpflanze.

Heute noch kennen wir Zuchtformen der Wegwarte als Salatpflanzen. Der rote **Radicchio** und der **Zuckerhut** (Fleischkraut) sind für Kaninchen gesunde Delikatessen. Diese Wintersalate sind Unterarten der Wegwarte und weisen vergleichbare Wirkungen auf. Sie helfen appetitlosen Kaninchen rasch wieder auf die Sprünge und werden noch gefressen, wenn alles andere Futter verweigert wird. Im Winter können wir nicht auf viele Frischpflanzen zurückgreifen, das macht diese Wintersalate besonders wertvoll.

Wegwarte gehört zu Dr. Bach's heilenden Blüten: Als Blütenessenz Nr. 8 (Cichory) hilft sie Stubenkaninchen (und ihren Haltern), wenn sich alles um das Tier dreht, dieses stets im Mittelpunkt sein will, ja richtig aufdringlich ist. Das Tier wird zum kleinen Tyrannen und spielt sich stets in den Vordergrund, um Aufmerksamkeit zu erlangen. Es empfiehlt sich eine Kombination mit der Essenz Nr. 14 Heather.

Weide lindert Schmerzen und Entzündungen

Salix spec.

Mit der einfachen Frage „Wie heißt denn diese Weide?“ kann man gestandene Botaniker in Verlegenheit bringen: Nebst klar bestimmbaren Arten gibt es fast unzählige Spielarten, da sich diese Pflanzen gern untereinander kreuzen.

Als Kaninchenzüchter braucht man sich darüber nicht den Kopf zu zerbrechen und kann die Auswahl der passenden Art getrost den Langohren überlassen. Blätter und Zweige einiger Weiden werden sehr gern benagt, andere werden nicht angerührt – sie schmecken den Tieren offensichtlich gar nicht.

Die Weide gehört zu den wichtigsten Heilpflanzen und begleitet uns Menschen seit Jahrtausenden. In der Rinde ist die Konzentration wertvoller Wirkstoffe besonders hoch, sodass Weidenäste für Kaninchen nicht nur Beschäftigung, sondern auch Medizin sind. Als Inhaltsstoffe sind vor allem Gerbstoffe, Glykoside, Flavonoide und Salicin bekannt. Letzteres wird in ähnlicher Form für Medikamente gegen Fieber und Schmerzen künstlich nachgebaut (Salicylsäure haltige Mittel wie Aspirin).

Die natürliche Form in der Weidenrinde ist allerdings viel besser verträglich, da das Gemisch verschiedenster Substanzen hilft, Nebenwirkungen der Salicylsäure aufzufangen. Weidenäste sind eine große Hilfe bei Schmerzzuständen und Entzündungen. Abszesse und Zahnfachentzündungen, die für das Tier sehr schmerzhaft sein können, müssen fachgerecht vom Tierarzt behandelt werden. Zusätzlich reicht man dem Patienten weiche Weidenzweiglein, die das Tier trotz seiner Probleme fressen kann und die seine Schmerzen lindern.

Entzündungen der Verdauungsorgane sind ein weiteres Einsatzgebiet der Weide, ebenso Magen- und Darmkrankheiten, wenn diese mit viel Schleim einhergehen. Schleimiger Kot ist immer ein Alarmzeichen, das auf schwere Verdauungsstörungen (Darmlähmung, mukoide Enteritis, Enteropathie) hindeuten kann. Merkt der Züchter frühzeitig, dass ein Tier kränkelt, können Weidenzweige zusammen mit anderen ausgesuchten Kräutern (z.B. Beifuß, Dost, Braunelle, Gänseblümchen, Bohnenkraut) die sich anbahnende Störung noch abwenden. Bereits erkrankten Tieren kann das Einflößen von Weidenrinden-Tee Erleichterung bringen. Hierfür 1 Teelöffel klein geschnittene Weidenrinde mit 3 dl kochendem Wasser übergießen, 5 Minuten ziehen lassen, abseihen und dem Tier lauwarm eingeben.

Aus den Blüten der Dotterweide (*Salix alba var. vitellina*) wird die Essenz nach Dr. Bach zubereitet. Sie eignet sich für misstrauische Tiere, die öfter aggressiv reagieren. Ihre Reizschwelle liegt tief und sie beißen beim geringsten Anlass zu. Es sind Einzelgänger, die keine Annäherung mögen und immer unzufrieden und voller Groll scheinen. Dieser Zustand kann sich auch allmählich bei alternden Tieren entwickeln, wenn sie aus körperlicher Schwäche heraus unsicher und ängstlich werden und deshalb ungewohnt aggressiv reagieren.

Dank der Blütenessenz von Dotterweide (Nr. 38, Willow) können solche eher unangenehmen Hausgenossen doch noch ein wenig auftauen und Momente unbeschwerter Lebensfreude erleben. Es ist allerdings mit einer länger dauernden Therapie zu rechnen.

Die Rinde von Weiden enthält Salicin – dieser Stoff war die Grundlage für die Herstellung eines der berühmtesten und häufigsten Schmerzmittel.

Weißdorn fürs Hasenherz

Crataegus monogyna (Gewöhnlicher Eingriffeliger Weißdorn)
Crataegus laevigata (Gewöhnlicher Zweigriffeliger Weißdorn)

Die dornigen, stark verzweigten Büsche des Weißdorns wachsen an Waldrändern in ganz Europa. Es gibt zwei Arten (den Eingriffelligen und den Zweigriffeligen Weißdorn), die in ihrer medizinischen Wirkung jedoch gleichwertig sind, sodass der Kaninchenzüchter nicht mit dem Bestimmungsbuch auf Kräutersuche zu gehen braucht. Weißdorn ist ein breit wirkendes und sehr gut verträgliches Herz- und Kreislaufmittel.

Voraussetzung für ein langes und gesundes Kaninchenleben ist ein starkes Herz, denn die Leistung, die es erbringen muss, ist enorm: Die Pulsfrequenz eines ruhenden Kaninchens beträgt 120 bis 150 Schläge in der Minute, kann aber unter Belastung bis auf über 300 Schläge pro Minute ansteigen. (Zum Vergleich: Beim erwachsenen Menschen beträgt der Ruhepuls 60 bis 70 Schläge pro Minute).

Herzprobleme äußern sich nur selten in unspezifischen Symptomen wie Müdigkeit, Schwäche, manchmal pfeifendem Atem. Kaninchen, die ohne Anzeichen einer

Aus Blüten, Blättern und Früchten vom Weißdorn können Tee oder Tinktur zubereitet werden.

Krankheit plötzlich tot im Stall liegen, sind oft dem Herztod erlegen. Ursachen sind angeborene Herzfehler, Infektionen, Bewegungsmangel und falsche Ernährung. Weißdorn kann vorbeugend zur Herzstärkung gereicht werden, hilft aber auch bei bereits bestehenden Problemen wie Herzmuskelschwäche, Herzmuskelentzündung, Durchblutungsstörungen, Fettherz, Altersherz und reguliert zu hohen oder zu tiefen Blutdruck. Wirksam sind Blüten, Blätter, Rinde und Beeren. Als Hauptinhaltsstoffe finden sich unter anderen Procyanidine, welche die Herzkranzgefäße erweitern und so die Durchblutung des Herzmuskels steigern, und Flavonoide, die den Stoffwechsel der Herzmuskelzellen positiv beeinflussen. Die Blüten enthalten mehr Flavonoide, die Früchte mehr Procyanidine.

Für Tee werden Blüten und Blätter im Mai geerntet und getrocknet. Die Beeren, die im Spätsommer und Herbst reifen, werden ebenfalls getrocknet (50° C im Backofen oder auf dem Dörrgerät) und können dem Tee zugefügt oder einfach als Trockenfrüchte verfüttert werden.

Die Heilkräfte von Weißdorn können alternativ auch als Tinktur bewahrt werden: Blüten, Blätter und im Herbst dann noch die Beeren werden in einem Schraubdeckelglas mit hochprozentigem Alkohol (Wodka, Korn oder Ähnlichem) überdeckt, verschlossen und mindestens vier bis sechs Wochen an einem dunklen Ort gelagert. Danach die Pflanzenteile abseihen und die erhaltene Tinktur lichtgeschützt aufbewahren. Dosierung: Pro kg Körpergewicht werden 1 bis 2 Tropfen täglich eingegeben.

Weißdorn muss herzkranken Tieren dauernd verabreicht werden. Zur Stärkung gesunder Tiere genügt es, hin und wieder Weißdornzweige und getrocknete Beeren als Knabberkost zu verfüttern. Die Beeren sind nicht nur gut für Herz und Kreislauf, sondern fördern auch die Verdauung und beseitigen Stauungen im Darm.

TIPP FÜR ZWEIBEINER

Selbstverständlich stärkt die Tinktur auch das Herz des Züchters mit dreimal täglich 20 Tropfen – und ist sogar angenehm im Geschmack. Eine weitere nützliche Anwendung von Weißdorn ist die Zugpackung, um Splitter und Dornen zu entfernen. Hierfür zerquetschte Blätter, Früchte oder fein geriebene Rinde mit etwas heißem Wasser zu einem Brei anrühren und über Nacht auf die betroffene Stelle auflegen.

Wilde Möhre – würzige Nahrung mit Heilkraft

Daucus carota (Wilde Möhre)

Gäbe es für Kaninchen einen Gourmetführer mit den beliebtesten Futtermitteln, wäre die Wilde Möhre weit oben auf der Liste. Mit Begeisterung fressen die Kaninchen die aromatische Pflanze restlos – von der hellen Pfahlwurzel bis zur weißen Doldenblüte.

Die Wilde Möhre ist verbreitet auf wenig gedüngten Wiesen und an Wegrändern. Mit ihrer Wuchshöhe von fast einem Meter ist sie eine auffallende Erscheinung. Die ganze Pflanze kann frisch verfüttert werden; die Samen sammelt man zur prisenweisen Futterbeigabe im Winter.

Nicht nur Kaninchen schmeckt die Wilde Möhre, auch viele Insekten nutzen sie als Futterpflanze wie hier die Raupe des Schwalbenschwanzes.

An Inhaltsstoffen bietet die Möhre ätherische Öle, Pektin, Karotinoide (Provitamin A), die Vitamine B und C sowie einen hohen Mineralstoffgehalt, darunter auch Selen. Alle Pflanzenteile regen den Appetit an, stärken Magen, Leber und Gallenblase, helfen bei Verdauungsstörungen und sind ein wirksames Mittel gegen Würmer.

Jungtieren mit Verstopfung verhilft die Möhre wieder zu normaler Verdauung. Hat das Tier einen leicht (!) geblähten Bauch ohne weitere Krankheitssymptome, streut man während einiger Tage täglich eine Prise Samen übers Futter, bis der Bauch wieder schön weich ist. Die ätherischen Öle in den Samen wirken blähungswidrig, entspannend, entzündungshemmend und stärkend. Die Samen haben überdies eine antimikrobielle und schleimlösende Wirkung bei Atemwegserkrankungen.

Nach der Geburt verhelfen Blätter und Wurzeln der Häsin zu neuer Kraft, wirken durch den Eisengehalt blutbildend und regen den Milchfluss an. Der hohe Gehalt an Vitamin A stärkt Schleimhäute und Haut und schafft Abhilfe bei trockener, spröder Fellqualität. Der Pflanze wird auch eine aphrodisierende Wirkung nachgesagt und sie ist fruchtbarkeitssteigernd. Dies gilt auch für die Möhrensamen, auf deren Hilfe man für frühe Würfe zählen kann.

Interessant ist der Einfluss von Möhrenkraut und Wurzel auf das Immunsystem: Allergische Reaktionen werden gedämpft, das Immunsystem wieder ins Lot gebracht. Verschimmeltes Heu wird allerdings auch durch Möhre nicht wieder genießbar, sondern gehört auf den Mist!
Nicht zuletzt weist die Wilde Möhre eine mild wassertreibende Wirkung auf, was bei Nieren- und Blasenerkrankungen und Ödemen hilft.

An der weißen Blütendolde mit der dunkeln Lockblüte in der Mitte ist die Wilde Möhre gut zu erkennen.

ACHTUNG!

Die Pflanzenfamilie der Doldenblütler umfasst neben essbaren und heilkräftigen Pflanzen auch ein paar üble Gesellen wie den hochgiftigen Schierling oder die ebenfalls giftigen Arten Hundspetersilie und Kälberkropf. Eine einfache Regel, um unangenehme Begegnungen mit giftigen Vertretern dieser Familie zu vermeiden, lautet: Hände weg von Doldenblütlern mit (teilweise) rot gefärbten Stängeln!
Die Wilde Möhre hat einen grünen Stängel und besitzt charakteristische Merkmale, an denen sie sicher erkannt werden kann: den typisch-aromatischen Karotten-Geruch, die dunkelrot bis schwarz gefärbte Lockblüte, die sich oft in der Mitte der weißen Blütendolde befindet, und eine nestähnliche Form der Dolde zur Zeit der Samenreife.

Zaunwinde gegen Haarballen

Calystegia sepium, früher: *Convolvulus sepium* (Gewöhnliche Zaunwinde)

Die Schlingpflanze mit ihren großen weißen Trichterblüten und den herzförmigen Blättern bietet einen prächtigen Anblick, löst aber bei vielen Gartenliebhabern reflexartig den Griff zur Hacke aus. Kennt man ihre Heilkräfte, verliert die ungeliebte Zaunwinde viel von ihrem Schrecken, ja man beginnt sie sogar zu schätzen.
In den Blättern und in noch größerer Menge in den Wurzeln enthält sie abführend wirkende Harze und Harzglykoside zusammen mit Gerbstoffen, die dafür sorgen, dass der Darm dabei nicht gereizt wird. Sie ist das Mittel erster Wahl, wenn ein Kaninchen zu Verstopfung neigt!

Sind Kotbällchen mit Haaren zu einer „Perlenkette“ verbunden, weist das auf die Bildung von Haarballen im Verdauungstrakt hin. Während der Haarung nimmt das Kaninchen durch die Fellpflege lose Haare auf, die sich in Magen oder Darm zusammenballen können. Weshalb dies bei einigen Tieren geschieht und bei anderen nicht, ist nicht bekannt. Gefährdet sind vor allem Tiere, die wenig Heu fressen oder zu wenig Bewegung haben sowie langhaarige Kaninchenrassen.
Die betroffenen Tiere stellen das Fressen ein und werden apathisch. Im schlimmsten Fall führen Haarballen zu einem lebensbedrohenden Darmverschluss. Das Problem kündet sich frühzeitig durch immer kleinere, harte Kotkügelchen an, sodass der kräuterkundige Kaninchenzüchter reagieren kann: Die Zaunwinde ist in diesem Fall das Heilkraut der Wahl! Täglich etwa ein 50 cm langes Stück der schnell wachsenden Pflanze bringt die Verdauung wieder in Schwung. In schweren Fällen darf man die doppelte Menge geben. (Eine ähnliche Wirkung hat auch Beinwell.)

Trotz der wunderschönen Blüten wird die Zaunwinde häufig als wucherndes Unkraut angesehen.

Kaninchen fressen Zaunwinde überaus gern, sodass man mit der Verabreichung keine Schwierigkeiten hat. Wer das „Unkraut“ als Dauergast im Garten beherbergt, sollte Zaunwinde regelmäßig allen Kaninchen verfüttern. Davon profitieren Tiere und Garten!

Um Haarballen vorzubeugen, befreit man Angoras rechtzeitig von ihrer Wolle und bürstet andere Langhaarkaninchen während des Fellwechsels ab und zu durch, damit sie nicht zu viele Haare aufnehmen! Dass Kaninchen jederzeit Zugang zu Wasser haben, sollte eine Selbstverständlichkeit sein. Zu wenig Flüssigkeit führt zu einer schlechteren Verdauung – und kann die Bildung von Haarballen begünstigen!

Neben der Hauptwirkung auf den Darm fördert die Zaunwinde die Gallesekretion, was zusätzlich hilft, die gestauten Massen im Verdauungstrakt aufzubrechen, und sie regt auch die Nieren an.

Der Milchsaft, der bei Verletzung der Pflanze austritt, heilt äußerlich angewendet Warzen und Hautgeschwüre. In den letzten Jahren hat die Zaunwinde in der Forschung neues Interesse geweckt aufgrund ihrer Wirkung auf Tumoren. Sie scheint zu verhindern, dass ein Tumor neue Blutgefäße bilden kann, auf die er als rasch wachsendes Gewebe dringend angewiesen ist. Der Tumor wird so vom Nährstoffnachschub abgeschnitten und kann nicht mehr weiterwachsen.

Kaninchen sind Tumorerkrankungen genauso unterworfen wie wir Menschen, nur wird das Krankheitsgeschehen selten erkannt. Mit Verfüttern von Winden können wir dem Kaninchenorganismus eine zusätzliche Hilfe geben, um mit Tumorzellen fertigzuwerden.

Zaunwinde wird von Kaninchen gern genommen und darf ruhig regelmäßig verfüttert werden.

Anhang

Pflanzen können heilen oder töten. Aber gerade auch Giftpflanzen sind großartige Heilpflanzen, wenn man sie richtig, das heißt in starker Verdünnung, einsetzt. Ein gutes Beispiel ist die Herbstzeitlose, die als Verunreinigung im Heu schon manches Kaninchenleben gekostet hat. Doch in homöopathischer Aufbereitung ist sie unter der Bezeichnung „Colchicum“ einer der drei Lebensretter bei Trommelsucht. So verdienen auch Giftpflanzen unsere Achtung und unseren Schutz.

Trommelsucht, ein akuter Notfall

Auch bei sorgfältiger Fütterung kommt es bei Kaninchen gelegentlich zu Verdauungsstörungen wie Magenüberladung oder Trommelsucht. Der Rumpf ist aufgetrieben, die Bauchdecke ist bei Magenüberladung weich, bei Trommelsucht hingegen hart und gespannt. Schwere Trommelsucht kann sogar mit Atemnot einhergehen. Beides sind akute Notfälle also, die einer sofortigen Behandlung bedürfen, aber gute Aussicht auf Heilung haben. Homöopathie und Heilkräuter helfen dem Tier rasch und zuverlässig. Da keine Zeit für lange Beobachtungen bleibt, verabreicht man dem Tier einen Cocktail aus mehreren Mitteln der homöopathischen Stallapotheke:

„Nux vomica“ (Brechnuss) ist ein breit wirkendes Mittel, das aus dem Strychninbaum gewonnen wird. In homöopathischer Verdünnung hilft es bei Verdauungsproblemen, die auf zu viel oder ungeeignetes Futter zurückgehen. Die Störungen hängen auch mit einer bewegungsarmen Lebensweise zusammen. Ein Hauptmittel für unsere Kaninchen!
„Colchicum“ (Herbstzeitlose) hilft bei Schwäche, völliger Appetitlosigkeit und Blähungen mit heftigen, wässrigen Durchfällen.
„Carbo vegetabilis“ (geglühte Kohle aus Buchenholz) wird bei Blähungen, Schwäche bis zum Kollaps und stinkendem Durchfall verwendet.

Die Potenz (siehe unten) spielt keine so große Rolle, man gibt, was in der Stallapotheke vorhanden ist. Besonders geeignet sind D30 und D12. Flüssige Mittel verdünnt man mit etwas Wasser, Globuli (Kügelchen) löst man in wenig Wasser auf. Für Kaninchen eignen sich normale Zuckerglobuli; künstlicher Süßstoff wie Xylit kann Blähungen verstärken.
Zur schnellen Schmerzlinderung und Entspannung kann man noch ein paar Tropfen **„Bachblütenessenz Nr. 39 „Notfallmischung“** zufügen.

Den fertigen Cocktail gibt man dem Patienten mit einer Spritze ein. Die geschluckte Menge ist nicht entscheidend, der Kontakt mit der Mundschleimhaut genügt bereits. Das Eingeben soll so stressfrei wie möglich geschehen! Jede Aufregung verschlimmert die Situation! Diesen Cocktail gibt man zwei- bis dreimal im Abstand von zwei Stunden ein.

Zusätzlich bereitet man einen Tee aus **Beifuß** (*Artemisia vulgaris*) und Fenchelsamen zu. Je 1 Teelöffel in kaltem Wasser ansetzen, aufkochen, 10 Minuten ziehen lassen, abseihen und lauwarm eingeben. Nur so viel verabreichen, wie das Tier nehmen mag – lieber öfter eine kleine Menge eingeben. Etwas Bewegung kann ebenfalls hilfreich sein, aber nur, wenn keine Atemnot besteht.

In den folgenden Tagen vorsichtig füttern, Heu und Wasser oder Tee genügen anfänglich. Allmählich in langsam steigenden Mengen wieder zur normalen Fütterung zurückkehren.

Bei Trommelsucht können homöopathische Mittel Kaninchenleben retten.

Was ist Homöopathie?

Die Homöopathie geht auf Dr. Samuel Hahnemann (1755-1843) zurück. Homöopathische Heilmittel basieren auf Substanzen aus dem Pflanzen- und Tierreich, auf Mineralien, teilweise auch auf Krankheitserregern und Sekreten. Diese Ursubstanzen werden schrittweise jeweils 10-fach (D-Potenzen) oder 100-fach (C-Potenzen) mit Wasser verdünnt und geschüttelt bzw. mit Milchzucker verrieben. Der Vorgang aus Verdünnen und Schütteln oder Verreiben wird Potenzierung genannt.

Nux vomica D6 z.B. bedeutet, dass eine Tinktur aus der Brechnuss in sechs Schritten jeweils im Verhältnis 1:9 verdünnt wurde. Man hat also hier am Schluss 1 Teil Brechnusstinktur auf rund 1 Million Teile Wasser.

In der Homöopathie sind es nicht mehr Wirkstoffe, die den Heilungsprozess in Gang bringen, sondern die Information davon. Man vermutet, dass Wasser das Informationsmuster der Ausgangssubstanz speichert. So können auch stark giftige Substanzen wie Strychnin als Heilmittel ohne ihre Giftwirkung eingesetzt werden!

Wie wirkt Homöopathie?

„Ähnliches mit Ähnlichem heilen" ist der Grundsatz der Homöopathie. Von jedem Mittel werden Arzneimittelprüfungen gemacht: Gesunde Menschen nehmen das Mittel ein und notieren die darauf eintretenden Symptome. In einem kranken Organismus heilt das Mittel dieselben Symptome, die es in einem Gesunden auslöst. Beim Zwiebelschneiden brennen und tränen Augen und Nase – das homöopathische Mittel aus der Zwiebel hilft bei wässrigem Schnupfen mit tränenden Augen. Je genauer das Arzneimittelbild des homöopathischen Mittels mit dem Bild der Krankheit übereinstimmt, desto besser die Wirkung.

Weshalb verschiedene Potenzen?

Tiefe Potenzen wirken mehr auf Organe und Gewebe, höhere Potenzen eher auf die Regelkreise und hormonellen Steuerungen des Gesamtorganismus. Tiefe Potenzen kann man öfter verabreichen, eine D30 darf man höchstens dreimal, Hochpotenzen nur einmal geben während einer Behandlung. Die Mittel wirken über lange Zeit und könnten bei zu oftmaligem Wiederholen Symptome des Arzneimittelbildes auslösen.

Bewährte Pflanzenkombinationen

Für **säugende Häsinnen** eine Auswahl leberstärkender und milchanregender Kräuter: Brennnessel, Melisse, Storchschnabel, Hopfen.
Einen besonders raschen Milcheinschuss erhält man mit Schüssler Salz Nr. 2 Calcium phosphoricum D6. Dieses beugt auch einer Hypokalzämie vor.

Guter Start für Jungtiere mit Kräutern für eine gesunde Darmflora: Spitzwegerich, Nelkenwurz, Beifuß, Melisse, Gänseblümchen, Gänsefingerkraut, Dost, Himbeer- und Brombeerblätter, Äste von Haselstrauch, Weide, Erle, Buche, Ahorn, Fichte.

Kokzidienhemmer: Nelkenwurz, Beifuß, Dost, Karde

Starkes Immunsystem in Stress-Situationen, während Ausstellungen, bei Krankheiten: Birke, Braunelle, Dost, Karde, Spitzwegerich, Storchschnabel, Thymian

Verdauungshelfer bei Blähbauch, weichem Kot, Durchfall: Beifuß, Nelkenwurz, Dost, Bohnenkraut, Johanniskraut, Schafgarbe, Storchschnabel

Heilpflanze oder Giftpflanze?

Viele Tiere – auch Kaninchen – haben ein gutes Gespür für heilende, aber auch für giftige Pflanzen. Gift- oder Heilwirkung ist immer auch eine Frage der Dosierung. Kaninchen im Freilauf können selbst entscheiden, wovon und in welcher Menge sie naschen.

Niemals jedoch sollten Giftpflanzen einem Kaninchen im Stall vorgesetzt werden, denn gerade Tiere, die nur wenig frisches Grün erhalten, stürzen sich darauf und fressen alles ohne Wenn und Aber.

Es ist unmöglich, alle für Kaninchen giftigen Pflanzen aufzulisten. Hier sind einige häufige Garten- und Wiesenpflanzen zusammengetragen, die für Kaninchen toxisch sind.

Nicht selten findet man Herbstzeitlosenblätter im Heu. Doch selbst im getrockneten Zustand ist die Herbstzeitlose tödlich giftig. Das Heu darf nicht verfüttert werden!

Die Herbstzeitlose ist für Kaninchen tödlich giftig.

Name	Gift	Besonderheiten
Eibe (*Taxus baccata*)	Alkaloide: Taxane und Taxol	alle Teile sind giftig mit Ausnahme des roten Samenmantels; zwei Nadeln sind für Kaninchen bereits tödlich
Fingerhut (*Digitalis spec.*)	Herzglykoside	auch getrocknet hochgiftig
Goldregen (*Laburnum anagyroides*)	Alkaloide: Cytisin, Laburnin u.a.	auch getrocknet stark giftig
Glyzinie, Blauregen (*Wisteria spec.*)	Glykoside, Lektine	alle Teile giftig
Gummibaum und Echte Feige (*Ficus spec.*)	Milchsaft	drei bis vier Blätter können für Kaninchen tödlich sein
Gundermann (*Glechoma hederacea*)	toxisches Prinzip noch unklar	können Grünausläufe überwuchern, da die Blätter von Kaninchen gemieden werden
Hahnenfußverwandte (*Ranunculus spec.*)	Protoanemonin	frisch giftig, im Heu problemlos; in der Silage ist das Gift nach einigen Monaten abgebaut; blühend ist der Giftgehalt am höchsten
Heckenkirsche (*Lonicera xylosteum*) und andere Geißblattarten (*Lonicera spec.*)	Bitterstoff Xylostein, Saponine, Spuren von Alkaloiden und cyanogenen Glykosiden	Toxizität stark schwankend, kann aber tödlich für Kaninchen sein
Herbstzeitlose (*Colchicum autumnale*)	Alkaloide: Colchicin, Colchicosid, Demecolcin	auch getrocknet giftig, kleinste Mengen reichen für eine tödliche Vergiftung
Kartoffel (*Solanum tuberosum*)	Solanin und andere Alkaloide	Kartoffeln dunkel lagern und gekocht verfüttern; Keimlinge entfernen, da sie am meisten Solanin enthalten; Solanin wird durch Kochen nicht zerstört, tritt aber ins Kochwasser über
Knoblauch, Zwiebel, Schnittlauch	Alliin	Denaturierung des Hämoglobins; größere Mengen führen zu Anämie

Name	Gift	Besonderheiten
Kreuzkraut (*Senecio spec.*)	mehrere Pyrrolizidinalkaloide, die leberschädigend wirken	frisch und im Heu für die meisten Tiere stark giftig; Kaninchen hingegen sind unempfindlich gegenüber Kreuzkraut
Liguster (*Ligustrum vulgare*)	Iridoid-Bitterstoffe, Ligustrosid, Oleuropein	mäßig giftig
Maiglöckchen (*Convallaria majalis*)	herzaktive Glykoside	auch im Heu tödlich giftig
Oleander (*Nerium oleander*)	herzaktive Glykoside, Oleandrin, Neriosid	auch trocken giftig; 0,1 g getrocknete Blätter reichen als tödliche Dosis für ein Kaninchen
Rittersporn (*Delphinium spec.*)	Alkaloide	tödlich giftig
Robinie (Rinde oder Schnitzel als Einstreu)	Toxalbumine Robin und Phasin, Glykosid Robinin	stark giftig
Rosskastanie	Saponine	giftig, schleimhautreizend
Wolliger und Gemeiner Schneeball (*Viburnum spec.*)	Viburnin	mäßig giftig
Schneeglöckchen (*Galanthus nivalis*)	Alkaloide	mäßig giftig
Schöllkraut (*Chelidonium majus*)	Alkaloide im Milchsaft: Chelldonin, Berberin und Coptisin	ungiftig in getrocknetem Zustand
Teebaum	ätherische Öle	widersprüchliche Angaben zur Toxizität bei Kaninchen; sicherheitshalber nicht bei Kaninchen einsetzen
Wolfsmilch (*Euphorbia spec.*)	Triterpensaponine und Diterpenester, Euphorbon, weitere unbekannte Wirkstoffe	frisch und im Heu giftig

Kräutervorrat anlegen für den Winter

Im Frühling und Sommer denkt der kräuterkundige Kaninchenzüchter auch an die vegetationsarme Jahreszeit und sorgt rechtzeitig für einen Kräutervorrat. Im Prinzip gilt, dass oberirdische Pflanzenteile während der Vegetationsperiode (Frühling bis Spätsommer) und möglichst am Vormittag, Wurzeln in der Vegetationsruhe (Herbst bis Spätwinter) und eher am Nachmittag gesammelt werden. Der Sammelkalender gibt Auskunft darüber, wann welche Pflanzen gesammelt werden können.

Die meisten Pflanzen lassen sich trocknen, ohne dass sie dabei ihre Wirkung verlieren: einfach büschelweise an einem luftigen, schattigen Ort aufhängen oder flach auf einem sauberen Tuch ausbreiten. Die vollständig trockenen Pflanzen in Papiersäcken oder Blechdosen aufbewahren. Die Behälter immer mit dem Namen der Pflanze und dem Datum beschriften, damit man bei Bedarf auch das richtige Heilkraut verabreicht! Trockenkräuter streut man dem Kaninchen übers Futter, mischt sie unters Heu oder bereitet daraus einen Tee.

Zum Trocknen werden die Pflanzen büschelweise an einem luftigen Ort aufgehängt.

Eine weitere Möglichkeit der Haltbarmachung ist die Herstellung einer Tinktur: frisch gepflücktes (aber nicht nasses!) Heilkraut zerkleinern, in ein Glas mit Schraubdeckel einschichten und mit Alkohol überdecken. Am besten geeignet ist 40- bis 50%iger Trinkalkohol aus der Apotheke, aber auch Wodka oder einen anderern Schnaps mit wenig Eigengeschmack kann man verwenden. Das Glas stellt man für fünf bis sechs Wochen an einen gut temperierten Platz. Danach abseihen, ein Etikett mit dem Namen der Pflanze auf das Glas kleben und die Tinktur lichtgeschützt aufbewahren.

Dicht schließende Gefäße und eine Beschriftung sind wichtig für das Anlegen der Vorräte.

Die Tinktur wird mit Wasser verdünnt dem Tier direkt eingegeben oder übers Trinkwasser verabreicht. Diese Zubereitung eignet sich für Kräuter, die einen Teil der Wirkstoffe beim Trocknen verlieren, sowie für Pflanzen, deren Wirkstoffe man dem Kaninchen mit der Spritze eingeben muss. Tinkturen sind konzentrierter als Tee, sodass wenige Tropfen mit etwas Wasser verdünnt genügen.

Heilpflanzen sind ein Geschenk der Natur und sollten mit Respekt behandelt werden. Bitte nur an Standorten sammeln, wo der Pflanzenbestand groß ist und nur so viel entnehmen, dass man davon kaum etwas merkt! Wer einen Garten besitzt, kann dort viele der vorgestellten Pflanzen ansiedeln – zum Nutzen von Mensch, Kaninchen und Natur.

Sammelkalender

Name	Jan.	Feb.	März	April	Mai	Juni	Juli	Aug.	Sept.	Okt.	Nov.	Dez.
Ahorn	Z	Z	Z	B	B	B	B	B	B	Z	Z	Z
Apfel	Z	Z						F	F	F	Z	Z
Bambus	B	B	B	B	B	B	B	B	B	B	B	B
Beifuß			B	B	B	B	B	B	B	B	B	
Beinwell	W	W	W	B	B	B	B	B	B	W	W	W
Birke	Z	Z	Z	B	B	B	B	B	B	Z	Z	Z
Blutweiderich					B	B	B	B				
Bohnenkraut			B	B	B	B	B	B	B	B	B	
Braunelle				B	B	B	B	B	B	B		
Breitwegerich					B	B	B	B	B	B	B	
Brennnessel			B	B	B	B	B	B	B	B	B	
Brombeere	B	B	B	B	B	B	B	B	B	B	B	B
Buche	Z	Z	Z	Z	B	B	B	B	B	B	B	Z
Cassis	Z	Z	Z	B	B	B	B	B	B	B	Z	Z
Dost				B	B	B	B	B	B	B	B	
Edelkastanie	Z	Z	Z	B	B	B	B	B	B	BF	ZF	Z
Eibisch	W	W	W	B	B	B	B	B	B	B	W	W
Eiche	Z	Z	Z	Z	B	B	B	B	BF	BF	Z	Z
Eisenkraut					B	B	B	B	B	B		
Erdbeere	B	B	B	B	B	B	B	B	B	B	B	B
Esche	Z	Z	Z	B	B	B	B	B	B	B	Z	Z
Fenchel					B	B	B	F	F			
Frauenmantel			B	B	B	B	B	B	B	B		
Gänseblümchen			B	B	B	B	B	B	B	B		
Gänsefingerkraut				B	B	B	B	B	B	B		
Giersch			B	B	B	B	B	B	B	B		
Heidelbeere	Z	Z	Z	B	B	B	BF	BF	B	B	Z	Z
Himbeere				B	B	B	B	B	B	B	B	
Hirtentäschel			B	B	B	BF	BF	BF	BF			
Hopfen			B	B	B	B	BF	BF	BF	B		
Johanniskraut						Blü	Blü	Blü	Blü			

Name	Jan.	Feb.	März	April	Mai	Juni	Juli	Aug.	Sept.	Okt.	Nov.	Dez.
Karde			B	B	B	B	B	B	B	B	B	
Klettenlabkraut				B	B	B	B	B				
Lavendel	B	B	B	B	B	B	B	B	B	B	B	B
Löwenzahn	W	W	B	B	B	B	B	B	B	B	B	W
Mädesüß				B	B	Blü	Blü	Blü	B			
Mariendistel								F	F			
Melisse			B	B	B	B	B	B	B	B		
Myrte	B	B	B	B	B	B	B	B	B	B	B	B
Nachtkerze			W	B	B	B	B	B	BF	F	W	
Nelkenwurz	W	W	B	B	B	B	B	B	B	B	B	W
Odermennig			B	B	B	B	B	B	B	B		
Petersilie	B	B	B	B	B	B	B	B	B	B	B	B
Ringelblume				B	B	B, Blü	B, Blü	B, Blü	B, Blü			
Rose				B	B	B, Blü	B, Blü	B, Blü	B, Blü	B, Blü		
Rosmarin	B	B	B	B	B	B	B	B	B	B	B	B
Salbei	B	B	B	B	B	B	B	B	B	B	B	B
Schafgarbe				B	B	B, Blü	B, Blü	B, Blü	B, Blü	B		
Schlüsselblume			B	B	B	B						
Sonnenblume					B	B	B, Blü	B, Blü	B, F	F		
Sonnenhut					B	B	B	B	B	B	B	
Spitzwegerich	B	B	B	B	B	B	B	B	B	B	B	B
Storchschnabel				B	B, Blü	B, Blü	B, Blü	B, Blü	B, Blü	B, Blü		
Thymian	B	B	B	B	B	B	B	B	B	B	B	B
Tradeskantie	B	B	B	B	B	B	B	B	B	B	B	B
Wacholder	B	B	B	B	B	B	B	B,F	B,F	B,F	B	B
Wasserdost					B	B	B	B	B	B	B	
Wegwarte	W	W	W		B	B	B	B	B	B	W	W
Weide	Z	Z	B	B	B	B	B	B	B	B	B	Z
Weißdorn				B, Blü	B, Blü	B, Blü	B	B, F	B, F			
Wilde Möhren	W	W	W	B	B	B	B	B, F	B, F	W	W	W
Zaunwinde				B	B	B	B	B	B	B		

B = Blätter/ganze Pflanze, Blü = Blüten, Z = Zweige, W = Wurzeln, F = Früchte

Alphabetische Übersicht der Anwendungen

Anwendung	Geeignete Pflanzenarten
Absetzphase erleichtern	Breitwegerich, Brombeere, Fenchel, Melisse
Abszesse	Bambus, Beinwell, Eibisch, Johanniskraut, Klettenlabkraut, Mädesüß, Odermennig, Ringelblume
Allergien	Buche, Johannisbeere
antibiotisch wirkende Pflanzen	Bohnenkraut, Braunelle, Eisenkraut, Johanniskraut, Karde, Myrte, Ruprechtskraut, Spitzwegerich, Wasserdost
aphrodisierend (= Geschlechtstrieb anregend)	Beifuß, Bohnenkraut, Brennnessel, Föhre, Giersch, Nelkenwurz, Petersilie, Thymian, Wilde Möhre
Appetit anregend	Ahorn, Bohnenkraut, Breitwegerich, Dost, Eisenkraut, Erdbeere, Esche, Fenchel, Hopfen, Myrte, Odermennig, Petersilie, Radicchio, Rosmarin, Schafgarbe, Spitzwegerich, Thymian, Tradeskantie, Wegwarte, Wilde Möhre
Arthrose	Beinwell
Asthma	Bohnenkraut, Nachtkerze
Atemwege, gereizte	Bohnenkraut, Fenchel, Fichte, Thymian, Spitzwegerich, Wacholder, Wilde Möhre
Atmung vertiefend	Melisse, Nachtkerze
Augen, entzündete	Eibisch, Fenchel, Rose
Augen, tränende	Bambus, Birke, Braunelle
Augenlider verklebte, bei Jungtieren	Rose
Ausstellung, während	Birke, Eisenkraut, Petersilie, Radicchio, Tradeskantie
Bakterien hemmend	Birke, Blutweiderich, Bohnenkraut, Braunelle, Eisenkraut, Fichte, Hopfen, Johanniskraut, Ringelblume, Ruprechtskraut, Salbei, Spitzwegerich, Tanne, Wasserdost

Anwendung	Geeignete Pflanzenarten
beruhigend	Apfel, Hopfen, Johanniskraut, Lavendel, Mädesüß, Melisse, Rose, Schlüsselblume, Wilde Möhre
Blähungen mindernd	Bohnenkraut, Fenchel, Lavendel, Petersilie, Ruprechtskraut, Schafgarbe, Thymian, Wacholder, Wilde Möhre
Blasengrieß	Birke, Buche, Giersch, Hirtentäschel, Klettenlabkraut, Sonnenblume, Tradeskantie
Blasenreizung	Birke, Eibisch, Giersch
Blinddarm, Reizungen	Brombeere, Ruprechtskraut
Blockaden im Verdauungssystem	Beinwell, Zaunwinde, homöop. Opium D200
blutbildend	Apfel, Brennnessel, Erdbeere, Petersilie, Wilde Möhre
blutstillend	Blutweiderich, Hirtentäschel, Schafgarbe
Blutungen, innere	Blutweiderich, Hirtentäschel, Schafgarbe
Darmentzündung	Beinwell, Blutweiderich, Eibisch, Eiche, Gänsefingerkraut, Heidelbeere, Johanniskraut, Rose, Ruprechtskraut, Thymian
Darmflora regulierend	Beifuß, Bohnenkraut, Dost, Johanniskraut, Karde, Nelkenwurz, Ruprechtskraut, Wegwarte
Darminfektionen	Beifuß, Bohnenkraut, Dost, Johanniskraut, Karde, Ruprechtskraut
Darmkrämpfe	Bohnenkraut, Fenchel, Gänsefingerkraut, Hopfen, Nachtkerze, Weide, Wilde Möhre
Darmlähmung, drohende	Beinwell, Breitwegerich, Eibisch, Fenchel, Johanniskraut, Radicchio, Zaunwinde
Darmschleimhaut, entzündete	Ahorn, Beinwell, Birke, Brombeere, Eibisch, Fenchel, Johanniskraut, Mädesüß, Rose, Ruprechtskraut
Darm stärken	Dost, Eisenkraut, Esche, Karde, Wilde Möhre

Anwendung	Geeignete Pflanzenarten
Diabetes (Zuckerkrankheit)	Heidelbeere (Erste Hilfe)
Durchfall, gegen	Blutweiderich, Bohnenkraut, Breitwegerich, Brombeere, Buche, Dost, Edelkastanie, Eibisch, Eiche, Erdbeere, Esche, Frauenmantel, Gänsefingerkraut, Heidelbeere, Hopfen, Johannisbeere, Mädesüß, Myrte, Rose, Ruprechtskraut, Schafgarbe, Thymian
Durchfall, schleimiger	Apfel, Beifuß, Bohnenkraut, Dost, Eibisch, Heidelbeere, Ruprechtskraut
Ekzeme	Birke, Klettenlabkraut, Lavendel
Energie spendend	Blutweiderich, Breitwegerich, Eibisch, Erdbeere, Hopfen, Johannisbeere, Karde, Lavendel, Mariendistel, Ruprechtskraut
entgiftend	Apfel, Birke, Blutweiderich, Brennnessel, Dost, Edelkastanie, Eibisch, Esche, Karde, Löwenzahn, Ruprechtskraut
entzündungshemmend	Ahorn, Bambus, Blutweiderich, Braunelle, Buche, Eibisch, Eiche, Johannisbeere, Johanniskraut, Melisse, Nachtkerze, Rose, Schafgarbe
Enterocolitis	Beifuß, Blutweiderich, Bohnenkraut, Dost, Eibisch, Fenchel, Gänseblümchen, Gänsefingerkraut, Heidelbeere, Hopfen, Johanniskraut, Karde, Melisse, Ruprechtskraut
Fell verbessernd	Apfel, Bambus, Birke, Klettenlabkraut, Nachtkerze, Petersilie, Wegwarte, Wilde Möhre
Fieber senkend	Ahorn, Apfel, Buche, Edelkastanie, Sonnenblume
Fliegenmadenbefall	Lavendel
Flöhe	Rosmarin
Fruchtbarkeit fördernd	Ahorn, Beifuß, Frauenmantel, Giersch, Himbeere, Petersilie, Ringelblume, Ruprechtskraut, Salbei, Sonnenblume, Wilde Möhre
Futterverweigerung	Beifuß, Dost, Radicchio, Tradeskantie, Wilde Möhre

Anwendung	Geeignete Pflanzenarten
Futterverwertung verbessernd	Ahorn, Breitwegerich, Eibisch, Hopfen
Gärung im Verdauungstrakt, „Gluckern“	Beifuß, Bohnenkraut, Braunelle, Heidelbeere, Ruprechtskraut
geburtsauslösend	Beifuß, Bohnenkraut, Eisenkraut, Petersilie, Rosmarin
geburtserleichternd	Bambus, Brombeere, Eisenkraut, Himbeere
Geburt, Häsin hat Probleme nach	Edelkastanie, Erdbeere, Schüssler-Salz Nr. 2 Calcium phosphoricum
Geburt, schwere (Folgen lindern)	Blutweiderich, Eibisch, Gänseblümchen, Hirtentäschel, Johanniskraut
Gelenksentzündung	Johannisbeere
Grünfütterung, Umstellung unterstützend	Beifuß, Eiche, Nelkenwurz, Ruprechtskraut, Spitzwegerich
Geschwüre	Beinwell, Braunelle, Ruprechtskraut
Gewicht erhöhen	Ahorn, Breitwegerich, Eibisch, Odermennig
Haarballen	Beinwell, Eibisch, Zaunwinde
Haarwechsel unterstützend	Brennnessel, Eibisch, Klettenlabkraut
Harnwege durchspülen	Birke, Buche, Eisenkraut, Esche, Giersch, Heidelbeere, Klettenlabkraut, Mädesüß, Petersilie, Sonnenblume, Tradeskantie, Wilde Möhre
Harnwegsinfektionen	Birke, Hirtentäschel, Sonnenhut, Tradeskantie
Häsin nervöse, beruhigend	Melisse, Schlüsselblume
Haut, entzündete	Blutweiderich, Breitwegerich, Johannisbeere, Lavendel, Ruprechtskraut
Haut, stärkend	Bambus, Birke, Klettenlabkraut, Petersilie
Hautpilz	Blutweiderich, Lavendel
Herzmuskel stärkend	Frauenmantel, Rosmarin, Weißdorn
Herztätigkeit unterstützend	Mädesüß, Melisse, Rose, Rosmarin, Sonnenblume, Weißdorn

Anwendung	Geeignete Pflanzenarten
Hirnentzündung	Johannisbeere
Hirnhautentzündung	Johannisbeere
Immunsystem anregend	Ahorn, Bambus, Birke, Brennnessel, Dost, Edelkastanie, Eibisch, Karde, Mädesüß, Ruprechtskraut, Salbei, Schafgarbe, Sonnenhut, Thymian, Wasserdost
Impfung, Nebenwirkungen auffangen	Edelkastanie, Wasserdost
Infektionen	Braunelle, Edelkastanie, Karde, Sonnenhut, Thymian, Wasserdost
Infektionen, Schäden nach	Ahorn
Insekten abwehrend	Beifuß, Lavendel
Insektenstiche	Breitwegerich, Spitzwegerich
Juckreiz	Blutweiderich, Johannisbeere, Klettenlabkraut, Mädesüß
Knochenaufbau fördernd	Bambus, Brennnessel, Esche
Knochenbrüche	Beinwell
Knochenerkrankungen	Beinwell
Kokzidien hemmend	Beifuß, Nelkenwurz, Sonnenblume
Kot, abwechselnd Durchfall und Verstopfung	Blutweiderich, Eibisch, Giersch, Wilde Möhre, Rose, Ruprechtskraut
Kot, säuerlich riechend	Beifuß, Birke, Esche, Mädesüß
Kot, schleimiger	Apfel, Beifuß, Nelkenwurz, Ruprechtskraut, Weide
Kot mit unverdauten Bestandteilen	Breitwegerich
Krallen, brüchige	Bambus, Klettenlabkraut, Nachtkerze
Kreislauf stärkend	Edelkastanie, Melisse, Nachtkerze, Rosmarin, Sonnenblume, Weißdorn
kühlend an heißen Tagen	Buche, Erdbeere, Himbeere, Hirtentäschel, Löwenzahn, Melisse, Rose, Wegerich, Weinrebe
Lähmungen	Johanniskraut, Salbei

Anwendung	Geeignete Pflanzenarten
Läufe, Wunde	Bambus, Esche, Johanniskraut, Klettenlabkraut, Ringelblume, Spitzwegerich
Lebensgeister anregend	Birke, Dost, Eisenkraut, Johanniskraut, Karde, Lavendel, Melisse, Radicchio, Ruprechtskraut, Wegwarte, Wacholder
Leber anregend	Ahorn, Beifuß, Erdbeere, Esche, Karde, Odermennig, Ringelblume, Wasserdost, Wegwarte
Leber entgiftend	Breitwegerich, Mariendistel
Leber schützend	Mariendistel, Rosmarin
Leberzellen regenerierend	Mariendistel
Lungenentzündung	Dost, Edelkastanie, Eibisch, Giersch, Johannisbeere, Myrte, Sonnenhut, Thymian, Wasserdost
Lungen stärkend	Erdbeere, Spitzwegerich, Thymian
Lymphknotenschwellungen	Braunelle, Gänseblümchen, Ringelblume
Lymphfluss anregend	Birke, Edelkastanie, Klettenlabkraut, Ringelblume, Ruprechtskraut
Magen- und Darmentzündung	Beifuß, Blutweiderich, Eibisch, Heidelbeere, Hopfen, Weide, Wilde Möhre
Magenüberladung	Beifuß, Bohnenkraut, Radicchio, Ringelblume, Tradeskantie, Wegwarte, siehe auch Kapitel „Trommelsucht als Notfall“
Milbenbefall (unterstützend zu lokalen Mitteln)	Birke, Brennnessel, Esche, Klettenlabkraut, Ruprechtskraut
Milchdrüsen, entzündete	Braunelle, Gänseblumchen
Milch fördernd	Brennnessel, Eisenkraut, Esche, Fenchel, Frauenmantel, Hopfen, Mariendistel, Melisse, Sonnenblume, Wilde Möhre
Milch hemmend	Salbei, Petersilie
Mineralien, reich an	Ahorn, Brennnessel, Erdbeere, Esche, Giersch, Klettenlabkraut
Mücken, Bekämpfung	Hirtentäschel
Muskeln stärkend	Brombeere, Eibisch, Frauenmantel

Anwendung	Geeignete Pflanzenarten
Myxomatose vorbeugend	Braunelle, Gänsefingerkraut
Nasennebenhöhlen reinigend	Bohnenkraut, Eisenkraut, Myrte, Salbei, Thymian
Nerven stärken	Apfel, Breitwegerich, Erdbeere, Eisenkraut, Föhre, Nachtkerze, Schlüsselblume, Tanne
Nervensystem, vegetatives stärkend	Breitwegerich, Lavendel, Sonnenblume
Nervenverletzungen	Johanniskraut
Nieren anregend	Apfel, Erdbeere, Esche, Föhre, Giersch. Odermennig, Petersilie, Radicchio, Ruprechtskraut, Schafgarbe, Schlüsselblume, Wacholder, Wasserdost, Wegwarte
Nieren regenerierend	Blutweiderich, Eibisch, Erdbeere
Notfallmittel	Hirtentäschel, Edelkastanie (Bachblüte)
Ohren, entzündete	Breitwegerich, Johanniskraut
Ohrmilben	Johanniskraut
Parasiten hemmend	Beifuß, Dost, Nelkenwurz
Pilze hemmend	Blutweiderich, Dost, Ringelblume, Salbei, Thymian
Quetschungen	Frauenmantel, Johanniskraut
Reisevorbereitung	Melisse
Scheinträchtigkeit	Salbei
Schiefhalskrankheit	Johanniskraut, Rosmarin, Sonnenblume
schmerzstillend	Ahorn, Breitwegerich, Dost, Gänseblümchen, Hopfen, Johanniskraut, Schafgarbe, Weide
Schnupfen	Bohnenkraut, Eisenkraut, Fenchel, Mädesüß, Myrte, Nachtkerze, Sonnenhut, Spitzwegerich, Thymian, Wasserdost
Schuppen, fettige	Birke, Esche, Klettenlabkraut
Seuchengefahr, drohende	Braunelle, Salbei
sexuelle Überreizung (Häsin)	Dost (Origanum D1-D3)

Anwendung	Geeignete Pflanzenarten
sexuelle Überreizung (Rammler)	Hopfen
Spätschäden nach Infektionen	Ahorn
Speichelfluss ansteckender	Braunelle
Spurenelementen, reich an	Ahorn, Brennnessel, Giersch
Stall desinfizierend	Wacholder
Stärkungsmittel	Bambus, Birke, Bohnenkraut, Brennnessel, Eisenkraut, Erdbeere, Fichte, Hopfen, Johannisbeere, Karde, Nachtkerze, Nelkenwurz, Petersilie, Radicchio, Rosmarin, Salbei, Schafgarbe, Schlüsselblume, Wegwarte, Weißdorn, Weißtanne
Stoffwechsel anregen	Birke, Brennnessel, Löwenzahn, Nachtkerze, Ruprechtskraut
Stress abbauend	Johannisbeere, Johanniskraut, Melisse, Ruprechtskraut
Sturz, Folgen lindern	Eibisch, Gänseblümchen, Johanniskraut
Trächtigkeit, Futterergänzung während	Erdbeere, Frauenmantel, Himbeere, Mariendistel
Trauer nach Verlust eines Partnertieres oder Jungtieres	Johanniskraut
Trommelsucht, akute	Beifuß, auch Kapitel „Trommelsucht als Notfall“
Trommelsucht, nach überstandener	Beifuß, Bohnenkraut, Braunelle, Brombeere, Eibisch, Esche, Fenchel, Hopfen, Karde, Radicchio, Ringelblume, Ruprechtskraut, Thymian
Tumor	Birke, Braunelle, Mädesüß, Ringelblume, Zaunwinde
Urin, blutig	Blutweiderich, Sonnenblume
Verbrennungen	Johanniskraut
Verdauung anregend	Bambus, Beifuß, Braunelle, Lavendel, Melisse, Petersilie, Radicchio, Ringelblume, Rosmarin, Schafgarbe, Tradeskantie, Wacholder, Wegwarte

Anwendung	Geeignete Pflanzenarten
Verdauungsprobleme, chronische	Beifuß, Mariendistel
Verdauungstrakt stärkend	Beifuß, Bohnenkraut, Braunelle, Breitwegerich, Brombeere, Edelkastanie, Esche, Giersch, Salbei
Verdauungstrakt, entzündeter	Blutweiderich, Breitwegerich, Gänseblümchen, Odermennig, Ringelblume, Thymian, Weide
Verletzungen	Beinwell, Blutweiderich, Braunelle, Breitwegerich, Johanniskraut, Ringelblume, Ruprechtskraut
Verletzungen, innere	Frauenmantel, Gänseblümchen, Hirtentäschel
Verletzungen, stark blutende	Blutweiderich, Hirtentäschel
Verstauchung	Beinwell, Gänseblümchen
Verstopfung	Apfel, Beinwell, Breitwegerich, Eibisch, Esche, Fenchel, Radicchio, Ringelblume, Schlüsselblume, Tradeskantie, Wegwarte, Zaunwinde
Viren hemmend	Braunelle, Dost, Gänseblümchen, Melisse, Ringelblume, Ruprechtskraut, Salbei, Sonnenhut, Wasserdost
Vitaminreich	Ahorn, Brennnessel, Esche
Vitalität steigernd	Brennnessel, Eibisch, Karde, Rosmarin
Wirbelsäule, Verletzung	Johanniskraut
Wunden	Beinwell, Frauenmantel, Gänseblümchen, Johanniskraut, Lavendel, Ringelblume, Rose, Ruprechtskraut, Spitzwegerich
Würmer hemmend	Apfel, Bambus, Birke, Esche, Thymian, Wacholder
Zahnfach, entzündetes	Beinwell, Odermennig, Weide
Zitzen, entzündete	Fenchel, Ringelblume

Literaturverzeichnis

Bocksch, Manfred: Das praktische Buch der Heilpflanzen. BLV, 2011.
Eggenberg, Stefan und Möhl, Adrian: Flora Vegetativa. Haupt Verlag, 2007.
Geheimnisse und Heilkräfte der Pflanzen. Verlag Das Beste, 2. Auflage, 1980.
Heilpflanzenkunde für Tierärzte. Springer Verlag, 2005.
Kaufhold, Peter: PhytoMagister. Richard Pflaum Verlag, 2002 .
Madaus, Gerhard: Lehrbuch der Biologischen Heilmittel. Georg Olms Verlag, 1979. (Nachdruck der Originalausgabe des Georg Thieme Verlags 1938)
Matthes, Siegfried: Kaninchenkrankheiten. Oertel+Spörer, 6. Auflage, 2016.
Proberger, Florian: Westliche Kräuter aus Sicht der Traditionellen Chinesischen Medizin. Bacopa Verlag, 2005.
Schönfelder, Peter und Ingrid: Der Kosmos-Heilpflanzenführer. Franckh-Kosmos, 2010.
Traversier, Rita, Staudinger, Kurt und Friedrich, Sieglinde:
TCM mit westlichen Pflanzen, Karl F. Haug Verlag, 2012.
Wood, Matthew: Die Weisheit der Pflanzen. AT Verlag, 2012.